我带爸爸
去探险

神秘
海底人

侠客飞鹰 著

ZHEJIANG UNIVERSITY PRESS
浙江大学出版社

路小果

冒险指数 ★★★★★
幸运指数 ★★★★
爱心指数 ★★★★★
特殊技能 会说兽语

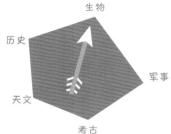

罗小闪

冒险指数 ★★★★★
幸运指数 ★★★★
爱心指数 ★★★★
特殊技能 认识各种武器

明俏俏

冒险指数 ★★★
幸运指数 ★★★★★
爱心指数 ★★★★★
特殊技能 熟悉天文和星相学知识

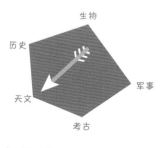

路浩天

冒险指数 ★★★
幸运指数 ★★★★
爱心指数 ★★★★★
身　　份 大学生物系教授

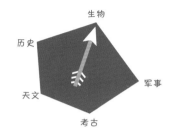

巴特尔教授

冒险指数 ★★★
幸运指数 ★★★★★
爱心指数 ★★★
身　　份 著名人类学教授

莫阳艇长

冒险指数 ★★★★
幸运指数 ★★★★
爱心指数 ★★★★
身　　份 神龙号潜艇艇长

谨以此书献给向往冒险的小读者们

序

　　早在认识作者之前，一个相熟的编辑就向我强烈推荐过“我带爸爸去探险”这套书，他是这么说的：“十九老师，这是一部漫画感很浓的小说！我觉得你有必要看看。”

　　我本不明白他说的意思，直到看了书里的故事……

　　这简直就是一部很棒的漫画剧本啊，画面感超强！我顿时脑补了主人公路小果、罗小闪和明俏俏的漫画造型，以及他们神勇的特种兵爸爸罗峰和可靠的科学家爸爸陆浩天，心想，如果把这些探险故事画成漫画或拍成电影，应该会像《丁丁历险记》或像《波西杰克逊》系列那样成功，并且是真正属于我们中国孩子自己的经典故事吧！

　　后来，在一次笔会上，我和作者侠客飞鹰老师见面，他告诉我，他正在筹划一部新的作品，我听了赶紧向他建言：千万不要！请把路小果他们的冒险故事继续下去！中国乃至世界上还有那么多好玩而神秘的地方，请让孩子们和他们的爸爸去往更多的地方探险吧！“我带爸爸去探险”已有成为经典的雏形，就要坚持写下去，要让路小果他们成为陪伴中国儿童成长的小伙伴，就像日本的哆啦A

梦，就像我们小时候看的皮皮鲁和鲁西西。

　　不知是否是因为我的游说，侠客飞鹰老师决心把这个系列无限期地坚持下去，我仿佛看到了一个画面：若干年后，我的小孩拿着一本"我带爸爸去探险"对我说："爸爸，这本书好棒，我也想跟你一起去冒险……"

　　中国的孩子不缺冒险精神，也不缺幻想空间，只是太缺乏一次与成长相伴的非凡旅行了。应当说，是中国的家长们，包括我自己太缺冒险精神，太缺想象力了，太缺乏去看看这个世界的勇气了。

　　窝在家里玩游戏、看电视，才不是孩子们应该有的童年，等到某一天，中国的孩子们挥舞着"我带爸爸去探险"系列图书，强烈要求跟爸爸们一起去旅行、去冒险的时候，这个世界，才会变得更有趣。

　　感谢侠客飞鹰老师，给我们展开了一幅幅神秘的冒险地图。

漫画家　十九番

于2015年5月28日

目录

引 子

　　大洋深处，巨浪滔天。"神龙号"核潜艇如一条超级大鲸鱼在黝黑如墨的大洋深处潜行巡航。

　　"上级来电！"机要兵飞快地钻过一道道水密门，把手里捏着的一张电报递到艇长莫阳手中。莫阳接过密电，只扫了一眼，神情就忽然变得凝重起来，同时在他的心底涌起一股莫名的兴奋，多日的训练和演习终于有了用武之地。

　　狭窄的会议室里，临时紧急会议开始了，一种大战前的紧张气氛弥漫在会议桌的周围。"神龙号"潜艇艇长莫阳快速地扫视了一遍会议室的各级水兵军官，神情肃穆，声音铿锵有力地说道："同志们！20分钟前，我东南方向10海里处监测到不明国籍舰艇声呐信号，上级指示我们，要迅速转向，小心跟踪，伺机拦截……不惜一切代价也要把对方拦截下来！大家有没有信心？"

　　"有！"会议室里传出震天的回答声。

　　"好！"莫阳捶了一下会议桌说，"现在各就各位，出发！"

　　临时会议命令下达，任务迅速传达到各个战位。发动机提升功率，武器系统检测完毕，潜艇悄然转身，疾速向前，悄声无息地向着大海深处潜航。

20分钟后，指挥舱广播里忽然传来声呐兵的呼叫声："报告艇长！发现目标！距离20链，方向090。"

"报告艇长！目标正向我驶来，距离2200米，速度60海里！"

"好，锁定目标，鱼雷准备！"莫阳面色不改，沉着冷静地下达了预备攻击命令。

可是不到10秒钟又传来声呐兵的报告：

"报告艇长，方位东南，距离10链，目标丢失。"

"见鬼了！"莫阳气愤地将拳头砸在指挥台的桌面上，传来"咚！"一声闷响。

10分钟后，声呐兵再次报告："报告艇长，声呐未探测到目标！"

"左满舵，5度上浮，准备回航！"

……

海底不明生物

Hai di bu ming sheng wu

"起床了！起床了！小懒虫起床了！"

一大早，路小果还在甜甜地做着美梦呢，耳边就传来妈妈的大嗓门。算来，这已经是妈妈第三次喊她起床了，每一次，妈妈喊完刚走，路小果总是马上又进入了梦乡。

"不嘛！再让我睡一会儿，就一会儿！"路小果眼睛也不睁地嘟囔了一句，其实路小果早已醒了，但就是赖在床上不想起来，就连闭着的眼睛也是假装的。

"宝贝，你已经睡了三个'一会儿'了，难道你非要睡到太阳照着屁股才起来吗？"妈妈其实早就知道路小果是假装的了，她那心里的一点小九九怎么能瞒得过妈妈，但妈妈还是耐着性子叫她起床，谁让路小果是她的宝贝女儿呢？

"老妈，现在几点了？"路小果仍然懒得睁眼，装作迷迷糊糊地问道。

"唔……至少也有九点了吧！"妈妈答应着。

"就让我再睡一会儿吧！"路小果将身上薄薄的针织全棉夏被又往上拽了一点儿说道。现在，她已经从头到脚全部蒙在了被子里，像一个被粽叶裹了好几层的小粽子，也似乎是故意以此来表示对妈妈的不满。

自从放暑假以来，妈妈为了不让路小果养成睡懒觉的坏习惯，每次叫路小果起床都要虚报半个小时。假如现在七点的话，她一定会说现在七点半；假如八点她一定会说八点半。所以妈妈现在说九点，那么，路小果估计现在最多也就八点半左右。

"快起来，饭都凉了！"一招不灵，妈妈又换了一招，说着还把手伸向被子，看来路小果如果再不起来，她就准备动用"武力"解决了。这也是妈妈惯用的伎俩。

路小果猛地掀开头上的被子，娇嗔地道："老妈，你讨不讨厌啊，放假了还不让我多睡会儿？"

"都九点了，还没有让你多睡会儿？养成睡懒觉的习惯可不好哦！"妈妈边说边把手伸进路小果的腋窝开始胳肢起她来，这一招最有效，无论路小果睡意多浓，如何假装，只要妈妈一胳肢她，她准会睡意全消，并痒得受不了。

果然，路小果被胳肢得浑身痒痒，忍不住咯咯笑了起来，坐起身子嗔怒道："你还是不是我亲妈呀？讨厌！讨厌！"

妈妈似乎已经习惯了路小果耍小性子，并没有因为她的话而生气，继而使出了另一个早已经准备好的"杀手锏"，说道："你要是再不起来，你爸爸可不等你了！"

"爸爸，爸爸要去哪儿呀？"路小果怪声怪调地学着《爸爸去哪儿》节目里面小多多的声音，说完，又"咚"地倒在了床上。

"你不是说暑假让爸爸带你去看海吗？"

"啊，看海？真的？"路小果的脑后一霎间像是安了弹簧一样，猛地抬起了头，眼睛睁得滚圆，看来妈妈的"杀手锏"非常有效。

"你问问你爸爸不就知道了？"妈妈看着自己的"杀手锏"起了效果，继续"引诱"着路小果。

路小果像欢喜的小兔子一样蹦下床，只穿着睡衣，鞋也不穿，踩着地板"咚咚咚"地跑向书房。爸爸路浩天此刻正在电脑上认真地看着什么，看样子像是在查看一幅地图。路小果心想，看来妈妈没有骗自己，老爸果然是要出门了。

"老爸，老爸，你要带我去海边吗？"路小果上来就从背后搂住路浩天的脖子，撒娇地问道。对老爸撒娇也是路小果的惯用"伎俩"，而且这个"伎俩"每次都会起到很好的效果。

路浩天头也不回，眼睛依然盯着电脑："如果你不睡懒觉，不用你没刷牙的小臭嘴熏我，我倒是可以考虑考虑！"

"遵命！谢谢老爸，我马上去刷牙！"路小果像一只兴奋的小燕子，一溜烟跑进了卫生间。

路浩天看着女儿开心的样子，无奈地微笑着摇摇头，随即，他的目光又移向电脑的显示屏，电脑显示屏上显示的是一副世界海洋地图，路浩天的目光一直锁定在中国的东海上。

路浩天为什么会忽然想带女儿到海边去玩呢？一个研究生物的大学教授为什么会忽然对海洋有了兴趣？事情还得从昨天晚上说起。

昨天晚上吃过晚饭不久，路浩天正在书房看书的时候，忽然意外地接到在东海舰队服役的同学莫阳的电话。莫阳是他的高中同学，两人虽然关系不错，但因他们所在的两个城市相距较远，一年也就打那么几次电话互相问候一下。路浩天一看来电显示，就猜想莫阳这次打电话过来一定是有急事，不然不会这么晚打电话找他。

果然，莫阳在电话里告诉他一个令他震惊的消息，莫阳说他们的舰队在近海执行任务时，打捞到一具不明生物的尸体。路浩天一听到"不明生物"这四个字，立刻来了兴趣。但作为生物学家的他，心里其实很清楚，在科技如此发达的今天，虽然人类和大自然中数以百万计的生物已经相伴成千上万年，但其实我们对这些邻居的了解还相对缺乏——我们甚至都不知道这个星球上究竟存在着多少个物种。

美国国家自然科学基金会的"生命之树"项目的研究结果给了我们一个不那么精确的答案：估测数据显示，世界上大概存在介于500万种到1亿种不同的生物物种，而现代科学所发现的物种只有大约200万种。而发现新物种的过程并不像人们想象的那么简单。电影里植物学家在深山老林拔起一株草，欣喜若狂地大吼"我发现新物种了！"这种情节，是不存在的。大部分情况下，科学家们得先把他们怀疑的物种带回博物馆或标本室，作为"疑似新物种"存档保存起来；然后必须详细检索海量的文献，确保之前没人已经发现过这个物种；接着要到不同地方去检验对比一下有没有记录的相似物种，甚至做些DNA分析来判断这个"疑似新物种"的身份、与其他物种的亲缘关系；最后，直到把这一切都确认了，才能坐下来，写一篇拉丁文的描述，发表论文证明发现了新物种。而其中损耗掉的时间，就是各个物种的"橱柜时间"。而这些物种从第一次样本采集到正式命名发表，平均需要21年时间。

很多"新物种"最后经科学证实，都是别人已经发现了的物种。所以路浩天听到这个消息时虽然很吃惊，但却并未过于激动——他担心最后也是空欢喜一场。

为什么说是不明生物呢？莫阳在电话里解释说，这种生物看着既像人类，又像鱼类，他们外行人实在无法判断是一种什么生物，所以要请生物学方面的专家来鉴定，于是他想到了他的同学——在大学里研究生物的教授路浩天。路浩天当然无法推却，他也不想推却，因为这是他的兴趣所在，也是他的责任所在——鉴定一个新物种的真伪，是一个生物学家责无旁贷的事。

路浩天这次只是受到同学莫阳的私人邀请，并非受到官方的邀请，因此在时间和安排上也就比较随意，又恰逢暑假期间，所以他决定，立即预订车票，次日就动身前往莫阳所在的东海舰队基地。

带上女儿路小果一同前往是他后来才做出的决定，主要有两个原因：一来是为了履行他放暑假前对她许下的看海的诺言；二来，他其实更想趁此机会带女儿出门开阔一下视野，见见世面。古人说，行万里路，读万卷书。路浩天一直相信学生不能只单纯地学习书本知识，还必须广泛了解、认识和接触社会，并把书本知识应用于社会实践。行万里路不仅能开阔眼界，还能增长知识和能力。

路小果今年上初二，一米六的个头，在班里不算高，也不算矮，一把干净利落的马尾，让她显得活力十足；她性格活泼，胆大心细，凡事总要弄个清楚明白；爱好旅游的路小果，还是网上一个驴友团的资深驴友，经常参加和组织一些户外探险活动，而且积累了丰富的户外探险经验。当然，这个驴友团的队员肯定少不了她的好朋友——

罗小闪和明俏俏。

　　罗小闪和明俏俏既是路小果的同学，又是她的好朋友，他们三个不仅在学习上互相帮助，而且假期里经常一起进行户外活动，是他们班出了名的"三人帮"。他们一起去过雅鲁藏布大峡谷和神秘的罗布泊。可谓是"生死之交"了。

　　明俏俏这会儿也正赖在床上睡懒觉呢，一接到路小果的电话，立即如打了鸡血一般，兴奋地从床上蹦了起来，早饭也没有心思吃了，就想着着手准备明天出行的行李装备。

　　而罗小闪呢，今天表现还不错，正在小区的健身广场陪他老爸罗峰打乒乓球，虽然也是硬被他老爸从床上拉起来的。五局乒乓球还没有打完，他们已经汗流浃背了。就在罗小闪擦汗的时候，他的手机响了起来。

　　罗小闪在电话里一听路小果说要相约到海边玩，高兴得差点跳起来。路小果的话音刚落，他就迫不及待地挂了电话，球拍往乒乓球台上一扔，还没有等他老爸反应过来，就跑出了老远，他一边跑一边回头喊道："老爸，你再找个人陪你打吧！我有事要回去了，拜拜！"

　　罗峰愣愣地看着儿子的背影，等反应过来时，罗小闪已经跑得没影了，他用球拍敲着球台喊道："喂……喂……臭小子！你干什么去呀？"

　　路浩天没有想到路小果"先斩后奏"地邀请了她的

同学罗小闪和明俏俏，本来路浩天打算只带路小果一个人去的，毕竟是受别人邀请去的，况且也不是专门去游山玩水，还有"任务"要完成呢。路小果的自作主张让路浩天感到很无奈，还好，同学莫阳只是以私人名义邀请的他，否则他带着三个孩子去真不知道该如何向莫阳交代。

路浩天的计划是，看过莫阳所说的"不明生物"以后，如果现场甄别出来，不用将标本带回实验室，就顺便带着三个小伙伴到海滨逛一圈，住上两天就返回。由于不是户外探险，所以行李也比较简单，路浩天父女并没有准备太多的东西，背包里只装了两套衣服和一些吃的喝的。

明俏俏先赶到路小果的家里会合，她也只是装了一些简单的衣物。但等到罗小闪赶到时，把他们吓了一跳，罗小闪的背包足足有20多千克，他竟然把野外探险的全套装备都带来了，有潜水衣、海水淡化器、求救信号弹、防风打火机、指南针、食物和水，等等。最搞笑的是，他居然还带着降落伞和帐篷，差点把路小果和明俏俏笑喷了，路小果瞪着罗小闪：

"罗小闪，你有没有搞错？咱们又不是去野外探险，你干吗带这些东西？难道我们看个海还会有什么危险吗？"

罗小闪不好意思地摸摸鼻子说："我习惯了，出趟远门不带这些心里不踏实，再说以防万一也没有什么不好呀！"

　　路小果说："不是跟你说了吗？我们只是去海边玩而已，哎呀！算了，再送回去也是麻烦，背着就背着吧！"

　　罗小闪在心里其实对路小果的话很不以为然，在他看来，只要是出门旅行，就可能存在着未知的危险，安全只是相对的，有些危险是人们无法预料的，就像他们之前在雅鲁藏布大峡谷和罗布泊的惊险遭遇。

　　"和谐号"高铁载着路小果一行四人出发了，目的地：中国东部沿海的江波市。

第二章 奇怪的三号包厢客人

　　"路浩天先生！"

　　路浩天一行四人在高铁的二等座上刚坐下不久，一位打扮如空姐一样的乘务员小姐就来到他的面前，温柔而又彬彬有礼地问，"请问，您是路浩天先生吗？"

　　乘务员小姐的话，让路浩天愣了一下，他有些迟钝地答道：

　　"啊，是的，我就是路浩天，请问您……"

　　在普通的高铁上，居然被一个不认识的人叫出自己的名字，这多少让路浩天有点意外，他只是一个研究生物的大学教授，既不是唱歌的明星，也不是经常上电视的官员，怎么会有人认识自己呢？难道是被自己微博的粉丝认出来了？可是自己的微博好像也没怎么发照片啊？路浩天还在狐疑中，乘务员小姐已经礼貌地回答了他：

　　"是这样的，路先生，头等舱有位先生让我带给您一封信。"乘务员小姐说着，从文件夹里取出一个白色的信封，交给路浩天。路浩天接过一看，只见信封上写着很狂放而又潦草的七个钢笔字：路浩天先生亲启。

乘务员小姐走后，路浩天带着满脑的疑问打开了信封。说是一封信，其实只是一个便签，内容不多，只有短短两三行，但字却写得龙飞凤舞。上面写着：

尊敬的路浩天教授：

很冒昧地打扰到您，如果您不介意为自己的旅途增加一点点乐趣的话，不妨带着您的三个小伙伴，来三号包厢一叙。

您的忠实读者：B.T.E.

忠实的读者？路浩天在脑海里打了一个大大的问号？这么说这个人一定是读过自己著作的人了。路浩天是写过不少专著，也有不少读者给他打过电话、发过邮件，甚至有人专门来拜访他，但那都是在大学里。在火车上碰到读者也有一定的可能，但这个读者是怎么知道自己在火车上的呢？难道真的被认出来了吗？这可真是怪事！

这一定是一个性情奔放的人，路浩天看着信笺上的字迹判断，但这会是什么人呢？B.T.E.一定是他的名字缩写，那么到底是谁呢？是我认识的还是不认识的人呢？忽然，他的沉思被一个声音打断了。

　　"老爸，谁给你的信啊？是你的朋友吗？"路小果看着一脸迷惑的路浩天，好奇地探头问他。

　　"唔……也许……也许是吧！也可能不是。"路浩天支支吾吾地回答，接着他收起信笺，起身说道，"走了，孩子们，有朋友邀请我们到头等舱，我们去会会他。"

　　"哇！到头等舱啊！"罗小闪忽然露出一脸的兴奋，"高铁的特等座我还没有坐过呢，听说跟飞机上一样舒服，是这样的吗？路叔叔。"

　　"大概是的吧！"路浩天含糊地应了一声，因为此刻他只想着写那封信的人究竟是谁。他愿意去见这个"忠实的读者B.T.E."也是好奇心使然，他想看看这个摆着架子让他过去的人到底是个什么人。

　　三个小伙伴收拾了行李，跟着路浩天穿过三节车厢，才来到头等舱的三号包厢。路浩天的目光越过一米多高的隔板，落在一个有着一头卷发的宽大背影上。

　　走到跟前，路浩天才发现这是一位头发泛白的老者，大概有六十来岁的样子，头发卷曲着梳在脑后，阔眼浓眉，脸圆稍胖，宽松的花格T恤，凸显出他魁梧的身材。此刻，这位老者正优雅地品着一杯红酒。在一秒钟的时间里，所有熟人的脸庞被路浩天在大脑里过滤了一遍，可是总觉得，自己并不认识眼前的这位老者。从他端着红酒的姿势和外表看，这位老者似乎也不是一个有钱的大老板，倒像一个儒雅的知识分子。

"啊！您一定是鼎鼎大名的路浩天教授了！"老者见到路浩天走过来，连忙站起身来，放下手中的高脚杯，向路浩天伸出右手。

路浩天礼节性地握了握对方的手："请问您是……"

"来，先请里面坐。"老者礼貌地把路浩天让到小包厢内，又对三个小伙伴招手道，"来，来，三个小朋友也请里面坐。"

小包厢里有六个座椅，分成面对面的两侧，每侧三个，中间隔着一个茶几。路浩天和路小果、明俏俏坐在对侧，罗小闪只好选择在老者旁边坐下。

"路先生一定不认识我。"老者取出一个高脚杯，倒了半杯红酒递给路浩天，面带笑容地说，"但我却认识您，我是您的忠实读者，您的著作《生命之美》、《动物与植物的关系》我是最喜欢的了。"

"啊……不敢，不敢，让您见笑了。"路浩天谦虚地应承着，心里却对这老者的身份越发好奇了，他原以为对方会是一个年轻人，没有想到竟然比自己年龄还要大很多。自己的"忠实读者"居然是一个头发泛白的老者，这多少让他有点意外。

"我叫巴特尔，"老者说着从上衣口袋里取出一张卡片，递给路浩天说，"这是我的名片。"

　　路浩天扫了一眼卡片，只见上面印着：人类学，巴特尔教授。路浩天的脑中忽然闪现出一个跟名片上同样的名字，他忽然受宠若惊地站了起来，吃惊地反问道："您就是……人类学家巴特尔教授？"

　　"正是鄙人！"

　　"真是失敬了！"路浩天有点不好意思地再次用双手握住老者的手，"我可久仰您的大名啊！"

　　"哪里！"巴特尔爽朗地大笑几声，"我只不过虚活六十岁，您才是真正的后起之秀。"

　　"快叫巴特尔爷爷好！"路浩天连忙提醒三个小伙伴说。刚才是不认识，现在既然认识了，叫声好是一个人最基本的礼貌。

　　三个小伙伴看着路浩天的反应，也大致猜出了这个叫"巴特尔教授"的老头一定是个非常有名的人物，于是三个小伙伴异口同声地说了一声："巴特尔爷爷好！"

　　巴特尔教授呵呵一笑说："你们还是叫我巴特尔教授吧，听着比较习惯。"

　　路小果想，这真是一个奇怪的老头，别人都觉得叫"爷爷"亲切，他却喜欢听别人叫他"教授"。不过这个巴特尔教授倒挺像一个人的，像谁呢？就是那个蒙古歌星腾格尔。巴特尔——腾格尔，这两个人不会是兄弟俩吧？

　　正在路小果胡思乱想的时候，路浩天把路小果三个

小伙伴的名字对巴特尔一一作了介绍。介绍完了，又对三个小伙伴解释道："巴特尔教授可是国内最著名的人类学家。中西合璧、博古通今，你们要是有什么问题可不要错过这个机会，赶快请教哦！"

"巴特尔教授，请问人类学是研究什么的？"路小果第一次听说"人类学"这个名词，感觉很新鲜，首先向巴特尔发问。

"问得好！路小果同学，你一定是个好奇心很重的小姑娘，好奇的人也一定是个好学的人，所以我敢断定你的课外知识一定很丰富。"

"谢谢教授夸奖！"

巴特尔呷了一口红酒说道："现在我来告诉你什么叫'人类学'，人类学就是研究人类的本质的学科，是从生物和文化的角度对人类进行全面研究的学科。在19世纪以前，人类学尤其指对人体解剖学和生理学的研究。"

巴特尔的话音刚落，明俏俏又接着问道："巴特尔教授，您的名字为什么叫得这么奇怪？为什么会起一个外国人的名字？"

"哈，这可不是外国人的名字，这是我们蒙古族人的名字，'巴特尔'在蒙古语里是'英雄'的意思，从小我父母就希望我做一个英雄，所以就取名叫'巴特尔'了。"

"巴特尔教授，您既然是蒙古人，我很冒昧地问一下，您跟腾格尔是什么关系呀？"路小果似乎认定了巴特尔教授和歌星腾格尔有一定关系，憋了半天，终于忍不住发问道。

"腾格尔？哪个腾格尔？"

巴特尔教授好像第一次听说这个名字似的，居然问哪个腾格尔，可是中国除了唱歌的腾格尔，难道还有别的很出名的腾格尔吗？这老头装得还挺像的。

"当然是那个唱《蒙古人》的那个大歌星腾格尔了！是您的老乡，也是蒙古人。"明俏俏抢着答道。

"不认识！我从来不听流行歌曲！"巴特尔教授出人意料地摇了摇头。

不认识？他居然不认识歌星腾格尔？这个老头也太老古董了吧！路小果简直有点不敢相信自己的耳朵。

"你们蒙古族的人不是很喜欢喝白酒吗？你为什么爱喝红酒呢？"罗小闪忽然又问道。

"哈哈，小伙子，这你就错了。"巴特尔教授笑着回答，"其实，我们蒙古人的祖先最爱喝的并不是白酒，从元代开始，我们蒙古人最爱四种酒：马奶酒、米酒、葡萄酒和蜂蜜酒。葡萄酒一直是蒙古人的主要饮料之一，而我呢，却独爱红葡萄酒。"

"好酒！"路浩天品了一口红酒，笑着问巴特尔："巴特尔教授，您这是……到哪里去？"

"我们殊途同归呀！"巴特尔神秘地一笑，他这一笑把路浩天也搞愣住了，殊途同归是什么意思？不就是说他们的目的地是一样的吗？

路浩天吃了一惊，问："教授，您……知道我们要到哪里去？"

"是不是莫阳这臭小子打电话，让你去他那里看一样东西？"巴特尔教授并没有直接回答路浩天的话，而是不慌不忙地反问路浩天。

"您也认识莫阳？"路浩天又吃了一惊，没有想到巴特尔教授居然叫出了莫阳的名字，而且似乎对他们的目的、行踪了如指掌，而他之前却对对方一无所知。但他立刻从巴特尔教授对莫阳的称呼里已经看出，他与莫阳的关系绝非一般。

第三章 海底不明生物

　　"当然！"巴特尔大笑道，"莫阳是我的外甥。"

　　"莫阳是您外甥？您是莫阳的舅舅？"路浩天吃惊地说道，"莫阳可从来没跟我提过他有一个身为著名人类学家的舅舅啊，这家伙，嘴够紧的啊！可是……您又怎么会在这趟火车上呢？"

　　路浩天心里的疑问仍然没有消除，他觉得一切都太过巧合了。却听巴特尔教授答道："我这一段时间呀，受到邀请，正在你们市里讲学，昨天忽然接到莫阳这小子的电话，说让我去鉴定一个什么'不明生物'，这不就……"

　　"可是，您又是怎么知道我们也乘坐这趟高铁呢？"路浩天打断巴特尔教授的话，好奇地问。

　　"也是莫阳啊，是他告诉我你也要去江波市，并且把你们的车次、座位号都告诉我了。"

　　"啊！原来是这样！"路浩天终于解开了心中的谜团，恍然大悟地笑着说，"怪不得这么巧，原来是莫阳这家伙暗中搞鬼，吓了我一跳，我还以为自己碰到了'粉丝'呢！"

路小果听着二人的谈话，也终于明白了事情的原委，原以为老爸是专门带自己去海边玩呢！搞了半天，原来老爸是受到他的同学莫阳叔叔的邀请，带着任务去的呀！但路小果是一个心思缜密的孩子，她注意到巴特尔教授口中提到"不明生物"这几个字，心中一动，暗想：这个"不明生物"是什么呢？奇怪，老爸为什么没有对她提过呢？想到这里，她问道："巴特尔教授，您刚刚说到莫叔叔让你们去看一个'不明生物'，这个'不明生物'是什么呢？"

巴特尔诧异地看着路浩天问道："哦？路先生，难道你没有把这件事告诉你的宝贝女儿吗？"

路小果也带着责备的口气追问了一句："是啊，老路同志，你为什么没有告诉我呢？"

"现在告诉你也不晚啊！"路浩天笑着说道，"我不想早告诉你，是怕你'打破砂锅问到底'，老来烦我，我准会一路都不得安宁。"

"哼！讨厌！"路小果娇嗔地翻了路浩天一个白眼。巴特尔看着路小果嗔怒的样子，哈哈大笑起来："看来，要不把这件事说出来，你这宝贝女儿就真的要生气了。"

路小果见巴特尔教授催促老爸揭开"谜底"，立即转怒为喜，嬉笑着说："是啊，巴特尔教授说得对，老爸，你要是不说出来，我会很难受的。"

"是啊！快说啊，到底是什么不明生物啊？"罗小闪和明俏俏也一起催促着，一副恨不得立即揭开谜底的样子。

好奇心是少年的天性，也是一个孩子获取知识的动力来源。对于他们来说，一旦面临新奇的、神秘的事物，就会想要一探究竟，正是通过这些探究，他们逐渐积累大量生活经验；有好奇心也是创造性人才的重要特征，爱因斯坦认为他之所以取得成功，原因就在于他具有狂热的好奇心。但是，在一些教育工作者与家长心目中，孩子的好奇心常被当作一种恼人的行为而遭到指责、约束、漠视或讥笑，这是错误的，甚至是教育的悲哀。

此刻的巴特尔教授很了解一个孩子的好奇心得不到满足的那种难受劲儿，所以还没等路浩天回答，就忍不住为三个小伙伴解释道："还是让我来说吧！是这样的，东海舰队'神龙号'潜艇的艇长莫阳，也就是你们的莫叔叔，前几天在海洋深处执行任务时，打捞到一具不明生物的尸体。它的外形看着既像人类，又像某种鱼类，实在无法分辨，所以要请你爸爸和我去现场看一下到底是什么生物，整个事情就是这样的。这回你们明白了吧？"三个小伙伴一听到"不明生物"这个名词，立马来了精神，立即叽叽喳喳地议论起来，议论了半天也没有一个结果，最后路小果自言自语地说：

"会不会是美人鱼？"

"不会是海怪吧？"明俏俏也吃惊地张大了嘴巴插了一句。

"我看不一定是海怪，"罗小闪说，"肯定是海洋里面一个新发现的物种。"

"为什么说是新物种呢？"路小果对罗小闪的武断结论提出了怀疑。

罗小闪洋洋得意地答道："根据最新一项海洋研究报告指出，目前人类可以识别的海洋物种已有23万种，但海洋中至少还有三分之一的物种尚未被我们的科学界所认知。说不定这个不明生物就属于还没有被人类发现的三分之一范畴内。"

罗小闪的话得到了路浩天和巴特尔教授的一致点头赞同。

巴特尔教授连忙对身边的罗小闪赞道："哈！很好，我们的罗小闪同学说得没错，我也在想，它会不会是我们还没有发现的一个新的物种，抑或它会不会是人类的另一个分支——被传得沸沸扬扬的'神秘海底人'？"

"神秘海底人？"三个小伙伴不约而同地发出一声惊呼，这个名词对他们三个来说还是一个新鲜词，也是能引起孩子们无限遐想的一个词。如果说在大洋深处发现了各种稀奇古怪的生物，并不能算什么新闻，但如果说在海底发现有人类居住，绝对是一个爆炸性的新闻。

"是的。"巴特尔教授应道，"在我们人类科学界盛传着这样一种说法：在大海深处的海底，居住着我们人类的另一个分支，几万年以前他们就已经存在，在我们陆地人类发展自己的文明的同时，他们也在创造着自己的文明，并且他们的文明程度不亚于我们人类，他们被称为'神秘海底人'，不知道……路先生对此有什么看法？"

面对巴特尔教授的忽然提问，路浩天愣了一下。路浩天并非因为巴特尔教授的提问感到突然，也不是回答不上来，而是因为路浩天从来都没有参与过这种荒诞的争论。他认为，科学讲究的是证据，胡乱的猜测只能将人们引入歧途，真假难辨。

于是他点头答道："是的，听说科学界还为此有了争论，有一种观点认为，'海底人'既能在'空气的海洋'里生存，又能在'海洋的空气'里生存，是史前人类的另一分支，理由是：人类起源于海洋，现代人类的许多习惯及器官明显地保留着这方面的痕迹，例如喜食盐、会游泳、爱吃鱼等，这些特征是陆上其他哺乳动物不具备的；另一种观点却认为，'海底人'不是人类的另一分支，很可能是栖身于水下的特异外星人。"

巴特尔教授点点头，接着又问："那么，路先生支持哪一种观点呢？"

路浩天摇摇头说："我哪一种也不支持，一切以眼见为实，除非我见到真实的标本，否则我是不会相信任何一种猜测和传言的。"

"我倒是支持第二种说法。"巴特尔教授说道。

"什么？难道巴特尔教授也相信海底有外星人的传言？为什么呢？"路浩天对巴特尔教授的回答感觉很吃惊，所以又追问原因。

"因为，第一种说法明显地推翻了达尔文得出的'人是由古代类人猿进化而来'的结论，它让我无法接受。"巴特尔教授表情认真地回答。

路小果忽然插话说道："巴特尔教授，我也曾经在报纸上看过一些关于人类起源的不同说法，法国有一位著名的医生米高尔·奥登根据自己多年来对水与人类的关系的研究认为，人类的祖先很有可能是水中的某种灵长类而不是猿猴。作为这一论点的根据，奥登列举了人与猿猴之间的许多不同点，这些不同点大部分与水有关。例如，猿猴厌恶水，而人类婴儿几乎一出生就能游泳，猿猴不会流泪，而哺乳动物海豚就有眼泪。巴特尔教授，我觉得米高尔医生说得也不是没有道理呀！"

"但这毕竟停留在理论阶段，还没有确凿的证据支持他的论点，除非现在有一个标本放在我面前，否则，我很难相信这种说法。"巴特尔还是坚持自己刚才的观点。

明俏俏接着说道："还有一件事应该是真实的，1991年7月2日，新加坡《联合日报》发表了题为《南斯拉夫海岸发现1.2万年前美人鱼化石》的报道：科学家们挖掘到世界上首具完整的美人鱼化石，证实了这种以往只在童话中出现的动物，的确曾在真实世界里存在过。化石是在南斯拉夫海岸发现的，保存得很完整，能够清楚见到这种动物拥有锋利的牙齿，还有强壮的双颚，足以撕肉碎骨，将猎物杀死。这又怎么解释呢？"

明俏俏说的这些都是她平时在电视节目里面看到的，虽然她没有亲临现场看到标本，但对新闻报道却没有丝毫质疑。

路浩天笑了笑，答道："现在的很多新闻很难保证真实性，真真假假让人难以分辨。无须解释，还是那句话，一切以事实为依据，除非标本摆在眼前，否则我是不会相信的。"

罗小闪忽然说："有关'神秘海底人'，我还听说过一种说法，大家有没有听说过'大西国'这个名字？"

"我知道！"罗小闪话音一落，路小果就抢着答道，"有人猜测说，大西国是外星人在地球上的秘密基地。"

"可是大西国在什么地方呢？有人知道吗？"明俏俏问。

罗小闪接着答道："关于大西国，也是出现在传说里，相传，在深深的大西洋的洋底，有一个沉没的国家，据说那就是大西国。大西国曾经一度非常繁荣，是全世界的文明中心，但在大约11150年前，整个大西国在一天一夜之间便消失得无影无踪。大西国到底沉没在哪里，几千年来，众说纷纭，莫衷一是，唯一可以得到的正确结论是，在大西洋底确实有一块沉没的陆地。有很多人怀疑，那些无法解释的'古代超级文明'遗迹是外星智慧的杰作，而大西国上的人就是外星人。有些UFO学家甚至认为，这些人的最初祖先来自外星，后来在海底洞内过穴居生活。"

路小果问："罗小闪，这么说你是支持巴特尔教授的观点，相信海底人就是大西国的外星人了？"

"我可没说支持巴特尔教授的观点，我只是转述一些别人的说法而已，我的观点和路叔叔一样，那就是：不人云亦云，一切以事实为依据。"

"罗小闪，你不是一向支持外星人存在的说法吗？"路小果问。

"是啊，那也得讲证据啊！虽然UFO事件越来越多，但都是间接的证据，没有一个直接的证据，所以……"

"很好！"巴特尔教授打断罗小闪的话，扫视了一遍三个少年，赞许地点点头，"你们都很有自己的主见，不随波逐流，这很好，我真的很开心中国能有你们这样的一群有思想的少年。"

　　巴特尔教授的一句话说得三个小伙伴心里美滋滋的，当然了，能得到大名鼎鼎的人类学家巴特尔教授的赞赏确实是一件很值得孩子们炫耀的事。

　　"好了！"路浩天低头看看手腕上的手表说，"谜底马上就要揭晓了，再有三个小时，我们就到江波市了，到时候，这个'不明生物'到底是什么，一切都会真相大白。"

第四章 巴特尔教授的幽默

　　一路上，路小果等三个小伙伴跟巴特尔教授谈天说地，笑语不断。路小果觉得巴特尔教授除了脾气有点怪以外，其实也是一个很不错的老头，他为人很和气，也很幽默。

　　比如在说到将来的理想时，他就对路小果说："路小果同学，你长大了一定要选择当一个外科医生。"

　　"为什么呀？"路小果好奇地问。

　　"因为你思维敏捷，遇事冷静沉着，最关键的是，当女外科医生穿着白大褂，拿着手术刀，多骄傲啊。"

　　"可是，我怕血呀！"路小果说。

　　"血有什么好怕的，血是由红细胞、白细胞和血小板组成，它的红色无非就是来自于红细胞里面的血色素而已，它和鼻涕、眼泪一样都是来自于身体的体液，你为什么不怕鼻涕和眼泪呢？"

　　路小果被巴特尔教授逗笑了，她又说道："可是，我的理想是做个航天员，到太空去呀！"

"那你就做个宇宙飞船上的女医生，太空也去了，医生也做了，不是更好？"

"飞船上也需要医生吗？"

"宇航员又不是神仙，也会生病呀。"

路小果摇摇头说："嗯！我还是不想当医生。巴特尔教授，你既然这么喜欢医生这个职业，你为什么自己不去当医生呢？"

"我嘛，倒是想当医生，可是我很粗心啊，要是一个病人来截肢的话，我可能会将左腿当成右腿，那样麻烦就大了。所以我不能给人治病，只能选择研究人类。"

又比如，在高铁上，巴特尔的烟瘾忽然犯了。他拿出烟盒，刚从里面抽出一支在鼻子下面闻了闻，正好一个女乘务员过来看到了，赶紧提醒他说："先生，高铁上是不让吸烟的！"

巴特尔说："我没有抽啊，我拿出来闻闻还不行吗？"

女乘务员似乎还不放心，又提醒他说："先生，在高铁上吸烟要罚款的，请您一定要遵守规定。"

巴特尔一脸认真地说道："这位小姐，我如果忍着不吸烟的话，是不是有奖励？"

女乘务员也被逗笑了。路小果乘机说："巴特尔教授，您要是实在忍不住的话，您可以来一块口香糖，我包里有，我给您拿。"

"不用拿了，"巴特尔教授摆摆手说，"我试过了，那玩意儿根本点不着。"

三个小伙伴和乘务员都被巴特尔教授的幽默逗得差点笑喷了。明俏俏笑着说："巴特尔教授，您是人类学家，难道不知道吸烟有害健康吗？"

"这个我当然知道，我就是想用自己的身体做实验，来证明香烟到底有多毒，好让更多的人以我为鉴，更快地戒掉烟啊。"

罗小闪说："巴特尔教授，这么说，您吸烟的理由还是为了全人类喽？"

"当然，伟大的英国首相丘吉尔先生，曾经香烟不离手，他那张对着镜头咆哮的著名照片，手里就拿着雪茄烟。有人调笑，说在第二次世界大战时就是他用雪茄烟打败了德国人。你们说他吸烟的理由伟大不伟大？"

巴特尔教授的话让三个小朋友哑口无言，再也回答不上来。

车到江波市，已经将近12点了。下火车时，大家各自背着自己的行李出站，巴特尔教授非要帮罗小闪背行李，罗小闪慌忙地说道："巴特尔教授，我怎么能让您替我背行李呢？"

巴特尔教授惊愕地看着罗小闪说："为什么不能啊？

尊老爱幼是我们中国的好传统啊！"

罗小闪不好意思地说："巴特尔教授，您看您这么大年纪了，我怎么好意思……"

巴特尔教授不等罗小闪说完，轻拍了罗小闪的头一下，嗔怒道："小鬼，你看我很老吗？"

罗小闪愣了一下，继而用以其人之道还治其人之身的方法反击道："巴特尔教授，您看我很小吗？我是初中生了呀！如果您不把我当小孩，我就不把您当老人。"

"小鬼！反应挺机灵的！"巴特尔教授笑笑，只好作罢。

出了站口，大家一番寻找，终于和莫阳派来的司机接上了头，原来，莫阳艇长派来的轿车已经在车站广场等候多时了。大家把行李搬上汽车，才算歇了一口气。汽车穿过热闹繁华的江波市，缓缓向海军港口驶去。

江波市位于浙江东部，地处东海之滨姚江、奉化江、甬江的交汇处，是一个古老而新兴的海港旅游城市；江波还是一座历史悠久的古城，早在7000年前就有河姆渡新石器文化，行政建制始于公元前2000多年前的夏代，春秋时为越国属地；江波是一座有着数千年丰厚积淀的历史文化名城，名胜古迹众多，自然景观壮美。可是此刻大家都心系那个"不明生物"，根本无心欣赏风景，只盼早点到达莫阳的潜艇。

江波军港是东海舰队的三大海军基地之一，正对日本九州岛和台湾岛之间的第一岛链断链处，是中国海军进入西太平洋最宽阔的公海水道。东海舰队的主要作用是重点针对潜在的危害对象，维护我国主权与领土、领海、领空不受侵犯。实行压制和反侦查任务，战时摧毁其作战装备，由于东海是中国海岸线最曲折、近海岛屿数量最多、港口最密集的地区，得天独厚的地理优势使东海舰队拥有中国最多的军港。

轿车一驶进军港，老远就见到一个身着笔挺的海军军服的军人，站在那里挥手迎接他们。这军人四十来岁的样子，浓眉大眼，目光炯炯有神。路浩天给小伙伴们介绍说，这就是你们的莫阳叔叔——"神龙号"潜艇的艇长。

见了面，相互做了介绍之后，莫阳恭敬地问巴特尔："舅舅，你们一路辛苦了，您看是先吃饭还是先带小朋友们参观一下军舰？"

没有想到巴特尔教授瞪了莫阳一眼说："莫艇长，请叫我'巴特尔教授'。"

"是！"莫阳调皮地对着巴特尔教授敬了个军礼，"巴特尔教授，路浩天教授。"

路浩天摆摆手笑道："咱们同学之间就别客气了，还是叫我老路吧！"

巴特尔教授指着路小果三个对莫阳说道："莫艇长，

我看还是先带着孩子们参观一下你们威武的军舰吧。"

"是！巴特尔教授！"莫阳毕恭毕敬地回答。三个小伙伴立即高兴地欢呼雀跃起来。

"哦！参观军舰喽！"

"太好了，我要看军舰！"

"我也要看军舰！"

于是，莫阳艇长领着大伙儿向军港深处走去。一走进军港，几艘高大、威武的军舰立刻映入大家的眼帘。

"哇！真威武呀！"三个小伙伴一下子被震撼了，都情不自禁地赞叹起来。

"大家请看，这两艘是护卫舰，那两艘是巡洋舰，最远处的一艘是驱逐舰。"莫阳指着军港内远近不同的几艘军舰给大伙儿分别作了介绍。接着，他领着大家上了一艘护卫舰。

路小果边走边问道："莫叔叔，什么是护卫舰，什么又是巡洋舰和驱逐舰？它们都有什么区别呀？"

莫阳边走边介绍说："护卫舰的主要职能是担负舰队的防空、反潜等护航警戒任务，是一种搭载轻型武器系统的小型舰艇。它是以防空导弹、中小口径舰炮、鱼雷、水雷、深水炸弹、反潜火箭弹等为主要武器的中型战斗舰艇。它可以执行护航、反潜、防空、侦察、警戒巡逻、布雷、支援登陆和保障陆军濒海翼侧等作战任务，又被称为护航舰或护航驱逐舰。"

"那么，巡洋舰和驱逐舰呢？"罗小闪接着问道。

"巡洋舰是一种火力强、用途多，主要在远洋活动的大型水面舰艇。巡洋舰装备有较强的进攻和防御型武器，具有较高的航速和适航性，能在恶劣气候条件下长时间进行远洋作战。它的主要任务是为航空母舰和战列舰护航，或者作为编队旗舰组成海上机动编队，攻击敌方水面舰艇、潜艇或岸上目标。而驱逐舰是一种多用途的军舰，是19世纪90年代至今海军的重要舰种之一，是以导弹、鱼雷、舰炮等为主要武器，具有多种作战能力的中型军舰。它是海军舰队中突击力较强的舰种之一，用于攻击潜艇和水面舰船、舰队防空，以及护航、侦察巡逻警戒、布雷、袭击岸上目标等，是现代海军舰艇中用途最广泛、数量最多的舰艇。"

走上舷梯，登上飞行甲板，只见两位海军士兵笔直地站在岗楼上，一位手持冲锋枪，另一位腰间插着手枪，向他们行了一个标准的军礼，威武极了。

在莫阳的热情带领下，他们首先参观了鱼雷发射炮，莫阳介绍说，鱼雷是用来打潜艇的。接着，他们来到军官会议室，那里摆放了舰艇模型、俄罗斯油画、钢琴和各种可口的水果。莫阳介绍说这是军官开会、就餐和休息的地方。

沿着舷梯往上爬两层，他们又来到舰艇最高的部位——指挥台，这里布满了各种控制开关和机器仪表面板，安装着很多电子设备和控制系统，显得机关重重。莫阳说，在这里不仅可以操纵舰艇前进和转向，还可以控制导弹、大炮、鱼雷等武器的发射。走下指挥台，他们来到军舰的前甲板，参观了导弹和大炮，经莫阳的介绍，他们才知道，用它们可以打击较远处敌人的飞机和军舰；莫阳又指着一个转动的锅一样的白色东西介绍说，这是雷达，可以探测几百千米以外的目标……

大家看得眼花缭乱，目不暇接，莫阳看参观得差不多了，便又提醒大家用餐。巴特尔不高兴地说道："我说莫阳艇长，你能不能不要老把'吃饭'挂在嘴上，我们又不是来让你请客吃饭的，还是先去看看你说的那个'不明生物'吧！"

莫阳无奈地耸耸肩，笑道："那好吧，大家随我来！"

于是，大家跟着莫阳下了护卫舰，向他的"神龙号"潜艇走去。一路上，三个小伙伴好奇地对莫阳叔叔问这问那，莫阳叔叔非常耐心地做着解答，还和三个小伙伴聊了一些他以前在潜艇上工作的趣事。很快，他们就来到另一个码头，首先进入大家视线的是一艘黑黝黝的"大家伙"，这应该就是"神龙号"潜艇了。

从外观上看，"神龙号"潜艇很像一条鲸鱼，静静地伏在海边，背上扣着一顶圆形的"帽子"，上面有两面五

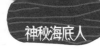

星红旗正在迎着海风飘扬。艇长莫阳介绍说，这顶圆形的"帽子"就是潜艇的舰桥，潜艇的舰桥有两个作用，一是容纳各种设备，包括潜望镜、雷达、通信天线以及电子对抗机，等等。这些东西是比较娇贵的，平时为减少腐蚀和防止破坏，这些设备都放置在舰桥里；第二个作用，就是指挥和观通作用。里面有一个升降口和指挥舱是相通的，潜艇在水面航行或者离靠码头的时候，潜艇指挥官都是在舰桥上指挥的，不管国内还是国外，不管常规潜艇还是核潜艇，都是一样的。

　　路小果粗略地看了一下整条潜艇，除了一个开着的舱口外，好像并没有其他入口了。问了莫阳叔叔才知道，其实艇上有很多个舱口，但其他的舱口因为比较隐蔽，所以她才没有发现。

　　莫阳指着潜艇对大家说道："这就是'神龙号'潜艇，也是我们潜艇兵的'家'。"

　　三个小伙伴一听说到了"神龙号"，都争先恐后地向前面那个黑黢黢的大家伙跑去。他们的兴奋不仅仅来自于第一次登上潜艇，更来自于"神龙号"潜艇上那个让他们牵挂了好久的"不明生物"。

第五章 美人鱼

美丽的海洋宽阔浩渺，蓝色的海水波涛起伏，海洋——这个神秘的世界，千百年来一直在召唤着人们。尤其是那深不可测的海底世界，更是吸引着人类去探寻、去征服。多少年来，潜入海洋深处一直是人类的梦想。

传说意大利艺术大师兼发明家达·芬奇最早进行了关于潜艇的设计。最早见于文字记载的潜艇研究者是意大利人伦纳德，他于公元1500年提出了"水下航行船体结构"的理论。1578年，英国人威廉·伯恩出版了一本有关潜艇的著作——《发明》。

1620年，荷兰物理学家科尼利斯·德雷尔成功地制造出人类历史上第一艘潜水船，它是人类历史上第一艘能够潜入水下，并能在水下行进的"船"，它可载12名船员，能够潜入水中3~5米。德雷尔的潜水船被认为是潜艇的雏形，所以他被称为"潜艇之父"，此后百年间潜艇的发展进入了"慢车道"。

在1776年的美国独立战争中，潜艇第一次登上了战争舞台。1801年5月，在法国皇帝拿破仑·波拿巴的支持下，富尔顿建造完成了被命名为"鹦鹉螺"号的潜艇。经过许多先行者的艰辛探索，随着工业革命带来的科学技术的迅猛发展，现代潜艇终于在19世纪末登上了历史舞台，它的创造者就是被后人尊称为"现代潜艇之父"的爱尔兰人约翰·霍兰。

直到第一次世界大战，由于战争的刺激，潜艇制造才得到迅猛的发展。

莫阳一边走一边介绍着潜艇的发展历史，从他口中大家还知道"神龙号"潜艇的一些情况，比如："神龙号"潜艇编制170人；长110米，宽12米；排水量1500吨；"神龙号"潜艇是一艘常规动力潜艇，等等。最后艇长莫阳又介绍说："常规动力潜艇是一种采用柴油机和蓄电池为动力、能在水下隐蔽活动和战斗的潜艇。它的特点是隐蔽性好、机动性强、突击威力大。它可以不依赖其他兵种的支援，长期在海面以下活动，进行独立作战，具有很大的威慑性。"

接着便准备入舱，进入潜艇里面了。军事迷罗小闪尤其兴奋，一直跑在最前面。对于潜艇，其实罗小闪了解得挺多的，他订的很多军事杂志都有介绍，但那些毕竟都是纸上谈兵，能够和潜艇零距离接触，真是太让他兴奋了！

在潜艇入口处，莫阳指着舱口道："要进潜艇，必须得过这一道'鬼门关'。"

"鬼门关"这三个字把大家吓了一跳，巴特尔教授笑道："莫阳，你这臭小子，你把我们领到'鬼门关'，是不想让我们回去了吗？"

"莫叔叔，为什么要叫它'鬼门关'呢？过这道门很危险吗？"路小果追问了一句。

莫阳笑道："可不是这个意思，由于这舱口只有外国人用来盛酒的大号木桶桶口那么大，人要蜷着身子才能艰难地爬进去。而且它对体积偏大的人来说是一个'严峻的考验'，所以我们给它取了个形象的名字叫'鬼门关'。"

顺着狭窄的楼梯下去，大家立即感觉进入了一个钢铁世界，眼前出现了数不清的管道、阀门和仪表。在狭长的潜艇里，一共有7个舱室贯穿首尾，包括声呐舱、鱼雷舱、控制舱、生活舱，还有燃料舱、动力舱等，舱与舱之间由圆形的水密门隔开。潜艇里面真的很狭小，即使是小孩在里面走也一定要防止在穿过水密门时碰到头。

他们首先来到动力舱，路小果向四周望了一圈，这里仿佛是一个巨大的机器仓库，堆满了各种机器和仪表。罗小闪指着左侧那一排竖着的红色手轮好奇地问莫阳："莫叔叔，那一排方向盘一样的东西是干什么用的？"

"那可不是方向盘，那红色的是对应全艇高压系统，绿色是对应中压的，它们负责着各个压载水舱的压载水的充排。"莫阳为大家详细介绍了动力舱各种仪表和手轮的作用。

在控制舱里也有很多机器，但却是一些电脑、潜望镜、GPS导航等设备，配备人员有艇长、声呐员、驾驶员、通信员、航海员和作战员。

生活舱里主要是一些生活设施，还有会议室和正、副艇长的卧室，楼梯下面是船员卧室，可折叠的床铺见缝插针地装在艇壁上。

最让罗小闪感到好奇的就是不知道潜艇里的水兵叔叔们是如何上厕所的，于是他问莫阳道："莫叔叔，你们是怎么上卫生间的呀？"莫阳把罗小闪领到卫生间门口，打开门一看，原来卫生间是一个仅有两三平方米的小隔间，罗小闪吃惊地说道："这……这就是你们的卫生间？天啊，这也太小了吧？"

"是啊！"莫阳答道，"在潜艇上，空间是非常宝贵的，所有的空间都被充分利用了，没有一寸是多余的。"

接着莫阳给大家讲了一件水兵上厕所的趣事：一个新来的水兵在上厕所之前，请教老兵，老兵反复交代上厕所的程序，新兵表示都听明白了，结果还没有出厕所就发生"井喷事故"，粪便喷得整个厕所到处都是，新兵身上星星点点的，那个惨啊，从此以后这个新兵再上厕所每次都心惊胆战，他这个笑话也传遍基地。这个新兵为什么会这么倒霉呢？因为潜艇上的水下厕所非常复杂。我们在普通火车上大便，厕所就通往铁轨，拉出去，掉下去，就行了。可是潜艇在水下，如果厕所直接通外面，水涌进来，潜艇就会沉没，所以，潜艇水下厕所必须有安全防备，有严格的操作顺序。

路小果问："那么最后粪便是如何清除的呢？"

莫阳答道："这个马桶是利用气压的原理吹走粪便的，如厕完毕要用力拧开高压气罐阀门，利用高压气体把粪便从粪箱内吹往艇外。"

大家听莫阳介绍了潜艇上上厕所的趣事，都感觉又新奇又好笑，在潜艇上生活真不容易，上个厕所都那么危险。

最后，莫阳带领大家来到会议室门前，神色忽然变得严肃起来，说道："巴特尔教授、路教授，它就在会议室的桌子上。"莫阳口中的"它"肯定就是那个被他们称作"不明生物"的东西了。

说着莫阳打开了会议室的铁门，只见会议室里放着一个长方形的会议桌。说是会议桌，其实还不及一般家庭的一张餐桌大。在会议桌上面放着一个长方形的玻璃做的箱子，透明的玻璃箱子长约一米半，宽约一米，里面赫然放置着一具"人"的尸体。

"啊！美人鱼？"罗小闪一见到玻璃箱子里的尸体，立即忍不住大叫起来。罗小闪之所以一见箱子里的尸体就喊出了"美人鱼"三个字，是因为这玻璃箱中的尸体和传说中的美人鱼的确很像，只是因为泡水有些模糊不清，它长约130厘米；腰部以上像人类，有明显的肋骨，脸面较平，无毛，呈肉色，嘴唇呈红色；它的手也有五个手指，和人类的几乎一样；腰部以下皮肤呈鳞状，尾部和一般鱼的尾巴一模一样。

"真的很像美人鱼啊！"

"天呐，原来真的有美人鱼存在！"

三个小伙伴站在玻璃箱跟前叽叽喳喳地议论着；路浩天初见玻璃箱子中的尸体，也好像吃了一惊，但接着，他却站在那里一言不发，好像陷入了深深的思考之中。

巴特尔教授的脸上也露出十分惊奇的表情，他围着玻璃箱子转着圈儿，一会儿摇头，一会儿又点头，嘴里还不停地念叨着什么。

"巴特尔教授，老路，你们看……"莫阳刚想问问巴特尔和路浩天对这个"不明生物"是什么看法，却被巴特尔教授抬手阻止了。莫阳见状虽然不知道巴特尔教授是什么意思，却也不敢再说话了，他生怕打断了巴特尔教授的思路，被他责怪。

巴特尔教授隔着玻璃又盯着那"不明生物"的尸体看

了一会儿，忽然头也不抬地问路浩天："路先生，你怎么看？"

路浩天沉吟了一下，带着分析的口气答道："巴特尔教授，我觉得这并不像一种生活在海底的生物，如果这真是一种来自海底的、未发现过的生物，我认为有点不符合生物学原理。众所周知，鱼类和哺乳动物的最根本区别是鱼类用鳃呼吸，哺乳动物用肺呼吸。比如海洋里面的鲸、海豚、海豹虽然生活在海洋里，但它们不属于鱼类，却属于用肺呼吸的哺乳动物。用肺呼吸就意味着一定要暴露在空气里才能自由地换气，问题就在于我们眼前的这个生物有着明显的胸廓，很显然它是用肺呼吸的，那么它又是如何长时间地生活在海底的呢？据我所知，海洋里在水底闭气最长时间的哺乳动物是古氏剑吻鲸，也只有85分钟，需要到海面换气，如果眼前的这个生物也经常到水面换气的话，应该早就被人类发现了，不可能等到今天才让莫阳他们来发现。您觉得呢？巴特尔教授。"

大家都在等着巴特尔教授对路浩天的观点发表自己的看法的时候，巴特尔教授却并没有对路浩天的观点做任何评价，而是说道："1980年8月24日，科威特的《火炬报》报道：在红海海岸发现了美人鱼，它的形状上半身如鱼，下半身像女人的形体——跟人一样长着两条腿和十个脚趾。1990年4月《文汇报》报道：一队建筑工人，在索契城外的黑海岸边附近的一个放置宝物的坟墓里，发现了一种生物，她看起来像一个美丽的黑皮肤公主，下面有一条鱼尾巴。这一惊人的生物从头顶到带鳞的尾巴，总长有173厘米，科学家相信她死时有100多岁的年龄。1991年7月2日，新加坡《联合日报》发表了题为"南斯拉夫海岸发现1.2万年前美人鱼化石"的报道：科学家们最近发掘到世界首具完整的美人鱼化石，证实了这种以往只在童话中出现的动物，的确曾在真实世界里存在过。从化石上能够清楚看到这种动物拥有锋利的牙齿，还有强壮的双颚，足以撕肉碎骨，将猎物杀死。化石显示，美人鱼高160厘米，腰部以上像人类，头部发达，脑体积相当大，双手有利爪，眼睛跟其他鱼类一样，没有眼帘。还有，美国两名职业捕鲨高手在加勒比海海域捕到11条鲨鱼，其中有一条虎鲨长18.3米，当渔民解剖这条虎鲨时，在它的腹内胃里发现了一副异常奇怪的骸骨骨架，骸骨上身三分之一像成年人的骨骼，但从骨盆开始却是一条大鱼的骨骼。当时渔民将之转交警方，警方立即通知验尸官进行检验，检验结果证实是一种半人半鱼的生物。还有一个新闻说，有游客在以色列拍摄到了美人鱼，半人半鱼的女孩在海边岩石上，回头一瞥后慌忙跳进海中……"

巴特尔教授一口气说出了好几个全世界范围内报道发现美人鱼的新闻，趁巴特尔教授喘息的机会，路小果乘机问道："巴特尔教授，这么说您也认为美人鱼真的存在了？"

"NO！NO！NO！"巴特尔教授连连摆手，出人意料地说道，"我的观点恰好相反，我以上列举的一些例子，后来大部分被证实是一些别有用心的人蓄意造假，还有一些根本就是误传，因为传播这些信息的人谁也没有真正见过美人鱼的标本，所以，我是根本不可能相信这些谣传的。"

"可是，巴特尔教授，"罗小闪指着玻璃箱子里的尸体说道，"有句成语说'耳听为虚，眼见为实'，现在，美人鱼的标本已经真真切切地摆在了我们的眼前，您为什么还说不相信呢？"

"眼睛看到的就一定是真实的吗？我看不一定。"巴特尔教授话中有话地说。他的话忽然之间让大家有点摸不着头脑，眼见为实耳听为虚，古人难道说错了吗？如果眼睛看到的还不算真实，那么一件东西怎么样才是真实的呢？

"什么？巴特尔教授，眼睛看到的为什么不一定是真实的呢？"罗小闪很明显有点不能接受巴特尔教授的看法。

"巴特尔教授，难道您怀疑这个尸体是假的吗？"路小果也睁大眼睛诧异地看着巴特尔教授问道。显然她也觉得巴特尔教授的话有些不可思议。

巴特尔教授似乎已经预料到大家对他的怀疑，但却并没有直接回答路小果和罗小闪的话，而是转身对莫阳说道："莫艇长，麻烦你把玻璃箱子打开。"

第六章 一场恶搞的骗局

　　莫阳不明白巴特尔教授的用意，但却照他说的话做了。他上前把玻璃箱子的上盖小心翼翼地取掉，然后退到一边，紧张地观看巴特尔教授下一步要干什么。大家和莫阳一样都用疑惑的目光期待着巴特尔教授的下一步动作。

　　只见巴特尔教授不慌不忙地从自己的包里取出一双白色的医用乳胶手套戴在手上，然后他又拿出一个金属镊子走到玻璃箱子跟前，接着弯下腰用镊子在那"美人鱼"尸体的腰部戳了几下，然后揭起一块皮肉一样的东西，头也不抬地说道："大家请看！"

　　大伙听到巴特尔教授这样说，都围了上来。只见那块皮肉底下，巴特尔教授手中镊子所指的地方露出一排好像蜈蚣的腿一样的痕迹，那痕迹好像一直沿着尸体的腰部向背部延伸。

　　"这是什么？"路小果不解地问道。

　　虽然只是路小果一个人在发问，但很明显，她的问题已经代表了大家共同的心声，除路浩天已经看出了一点端倪之外，其他的几个人都在等待着巴特尔教授的回答。

"你们见过刚做完手术的病人身上的刀口吗？这就是刀口被缝合后的样子。"

说话的并不是巴特尔教授，而是路浩天。巴特尔教授对路浩天点了点头，接着往下说道："路先生说得对，这正是手术针线缝合后的痕迹。"

大伙儿忽然明白了巴特尔教授话中的意思，那就是：这条"美人鱼"根本就是一个冒牌货，很明显是有人故意造假。只有明俏俏在一旁还傻乎乎地问道："巴特尔教授，这说明了什么呢？说明这美人鱼刚做过手术吗？"

罗小闪斜了明俏俏一眼，笑道："明俏俏，你是真笨还是假笨啊？什么做手术啊？这说明这美人鱼根本就是假的！是有人故意将两个不同的生物拼接在一起来蒙骗别人的，我说的对吗巴特尔教授？"

"假的？"不等巴特尔教授回答，莫阳忽然发出一声意外的惊呼，结结巴巴地说，"这……这……这是怎么回事？"

"这就是一场恶搞的骗局！"巴特尔教授点点头，接着又不高兴地反问莫阳，"莫艇长，这就是你让我们千里迢迢来看的什么'海底不明生物'吗？"

莫阳看着已经有点生气的巴特尔教授，脸色忽然变得极为尴尬，赔笑道："舅舅……哦，不，巴特尔教授，我是真的不知道这是一个假东西……"

"算了！"路浩天打断莫阳的话，替他说情道，"巴特尔教授，我看莫阳确实是不知内情，所谓不知者不怪嘛，连我都差点被骗过，何况是他呢？"

路浩天其实也感觉有点失望，自己千里迢迢赶来鉴定的东西居然是一个假货，也难怪巴特尔教授会生气。

虽然巴特尔教授和老爸已经坚定了眼前的"不明生物"是一个冒牌的"美人鱼"，但路小果还是感觉很好奇，她又趴在玻璃箱子上仔细地看了看那"尸体"。由于尸体的上半身在海水里浸泡时间过长，已经很难分辨是什么动物，于是她问路浩天道："老爸，你能看出来这是两个什么动物拼接而成的吗？"

明俏俏和罗小闪见路小果未能看出假"美人鱼"的真身，有点不服气，都挤到前面来，想看看自己能不能分辨出来。

巴特尔教授见三个小伙伴好奇的样子，连忙解释说："大家不用看了，这就是一只猴子和一条普通的鱼拼接而成。"

路浩天补充道："准确地说，上半身就是半只滇金丝猴，在自然界里的哺乳动物里，滇金丝猴的长相是和人类最为接近的。"

"天啊，谁会这么残忍和无聊，去杀害一只滇金丝猴，而导演一出恶搞闹剧？"路小果带着怜悯的口气说道。

这时，莫阳由于尴尬，抑或因为紧张，额头上竟然冒出不少汗珠，他用充满歉意的语气对大家说道："由于我们的无知和粗心，让大家千里迢迢白忙活一趟，实在是抱歉！非常抱歉！"

"你不用过意不去，莫叔叔，"心地善良的路小果见不得别人道歉，连忙为莫阳打着圆场，"其实我一直就想在暑假来海边玩一次，你就当请我们来旅游度假了！"

莫阳听路小果这样说，哈哈一笑说："好啊！你这小丫头倒挺会体谅人的，等会叔叔请你吃海鲜怎么样？"

"真的？那太好了！"路小果高兴地叫道。路小果平时最喜欢吃海鲜了，可是由于她所在城市距离海边太远，所以很难得吃一次海鲜，即使能吃到，也不算真正意义上的海鲜，因为那都是冰冻后运到内地的，早已失去了"鲜"味，所以她一听莫阳叔叔要请她吃海鲜，就高兴得不得了。

"哦！要吃海鲜喽！"罗小闪和明俏俏闻言也开心地欢呼起来。

巴特尔教授翻了莫阳一个白眼，嗔怒道："那我呢？你让我这个老头子白跑一趟，准备怎么补偿我呀？"

莫阳听巴特尔教授的口气就知道他并没有真的生气，而且他早就知道舅舅的爱好是喝酒，所以他早有准备，于是笑道："放心吧，我的巴特尔教授，我早就准备了一瓶好酒，这次一定陪您好好喝几杯。"

巴特尔教授这才反怒为笑："臭小子，算你聪明，要不然我跟你没完。"

大家都被巴特尔教授的孩子气逗得大笑起来，莫阳见"不明生物"的事情已经水落石出有了结果，便提议先下潜艇吃午饭，等吃过午饭再带着三个小伙伴去海洋馆游玩。莫阳的建议得到大伙儿的一致赞同，因为这时早已过午饭的时间，大家都有点饥肠辘辘了。

大家正要迈步走出潜艇的时候，路小果忽然说道："等等。"大家都停下脚步，不知道路小果还要干什么，罗小闪问道："怎么了路小果？难道你对这'美人鱼'还有什么怀疑吗？"

路小果摇摇头说："那倒不是，我只是还有个问题想请教巴特尔教授。"

"呵呵，行啊，你有什么问题请只管问吧，我巴特尔知无不言。"巴特尔教授开心地说道。大概是听莫阳说为他准备了好酒，巴特尔教授这会儿心情舒畅了许多，语气中透着轻松和愉悦。

路小果想了想，问巴特尔教授说："我想问的是，从解剖学的角度来看，把这样两个动物拼接在一起难度很大吗？"

　　巴特尔教授很意外地看着路小果，很奇怪她为什么要这样问，遂摇摇头答："难度倒不大，但也不是一般人能做得到的。"

　　路小果又问："那么，有谁会这么无聊，搞这样的恶作剧呢？"

　　"这我就不知道了。"巴特尔教授耸耸肩说道，"这是福尔摩斯的事，跟我们好像没有什么关系。"

　　大家都被巴特尔的幽默逗笑了，接着就要向潜艇外走。忽然，一个水兵冲进来对莫阳敬了个军礼："报告！上级急电。"

　　"讲！"

　　"10分钟前，在我基地东南10千米处的水下发现一艘不明国籍潜艇，上级要求我艇即刻出击，全速追踪，务必要将该艇拦截，必要时可动用武力。"

　　莫阳听了水兵的报告，面色忽变，皱了一下眉头，沉思了一秒钟后，忽然表情严肃地说道："传我命令，值班人员各就各位，即刻出击，全速向东南方位前进。"

　　莫阳的话让大家感觉到一种紧张的气氛忽然在潜艇中弥漫开来。因为大伙儿都是第一次上潜艇，更没有经历过潜艇执行任务的场面。

　　传达命令的水兵刚走不到半分钟，潜艇上就响起了刺耳的战斗警报声。巴特尔教授有点惊慌地问莫阳："莫艇长，这是怎么回事？"

莫阳有点不好意思地笑道："巴特尔教授，老路，抱歉啊，恐怕午饭又要推迟了。"

"那……我们还要下潜艇吗？"路浩天迟疑着问道。

"已经来不及上岸，就跟我们一起体验一下潜艇兵的生活吧！"莫阳说完就迈开大步向指挥室走去，大家都不知所措，也跟着莫阳走起来。

军事迷罗小闪听着战斗警报的声音，紧张和兴奋使得他的声音都变了，他一边走，一边激动地问莫阳："莫叔叔，你们这是在进行战斗演习吗？"

莫阳头也不回地答道："这可不是演习，而是真实的。"

"能具体说说是什么情况吗？"巴特尔教授问了一句。

"是这样的，最近两个月，有一艘不明国籍的潜艇，经常潜入我国沿海海域，对我方潜艇进行跟踪和骚扰，对方非常狡猾，每次都让他溜掉了，算上今天这次已经是第五次了，让我们很恼火，所以上级要求我们这次一定要将其拦截下来。"

路浩天听完莫阳的介绍，愤愤不平地说："太猖狂了！好！老莫，你这次一定要将它拦住，给它点颜色瞧瞧。"

巴特尔教授担心地问："莫艇长，你这潜艇不是靠港休整吗？士兵不在艇上能进入战斗状态吗？"

　　"巴特尔教授，您有所不知，我们的潜艇虽然靠港休整，但也随时处于待命状态，有紧急情况，我们随时可以投入战斗。虽然大部分战士都不在艇上，但我们的每一个岗位都有值班人员，从船长、大副、轮机长、声呐员、无线电通信员、导航员、军医，到厨师和鱼雷仓的鱼雷操作员，每个岗位都有人24小时轮流值班，一秒的空档都不留。"

　　"加油！莫叔叔。"路小果忽然用食指和中指对莫阳打出一个胜利的手势。

　　"莫叔叔加油，给敌人一点厉害尝尝！"

　　"加油莫叔叔，我们支持你！"

　　罗小闪和明俏俏也在一旁叫喊着给莫阳鼓劲。

　　莫阳见状激动地说："好！大家随我来指挥舱，一同观战吧。"

追击幽灵潜艇

Zhui ji you ling qian ting

第七章 幽灵潜艇

　　从会议室出来，穿过动力舱狭窄的过道，大家来到位于潜艇中间部位的控制舱。控制舱里只有一位值班的大副，大副见艇长莫阳到来，立即站起身向莫阳报告了潜艇的运行状态。小伙伴们看到在狭小的控制舱里，各种仪表、按钮、显示屏错综复杂，令人眼花缭乱，都惊叹不已。

　　莫阳将巴特尔教授和路浩天让到一旁的椅子上坐定以后，自己才在指挥台前坐下来，接着，他对着声麦喊道："指挥台就位，请确定目标位置，随时报告追踪情况。"

　　很快，对讲机里传来通信员的报告声："报告艇长，目标方位15度，距离60链。"

　　"莫叔叔，链是什么意思？"罗小闪往上颠了一下背上沉重的背包问莫阳。他是个军事迷，听到通信员的报告声中有个不懂的词语便立即发问。不只是罗小闪，莫阳和水兵口中说的专业术语，大伙儿都没有听懂，但是在这种战斗前夕的紧张气氛中，谁都不好意思发问，心直口快的罗小闪却并没有顾及这一点。

　　路小果有点看不惯罗小闪背包不离身的习惯，嘲笑道："罗小闪，你能不能放下背包歇一会儿啊？我看着你背包的样子都累！"

　　"我乐意！"罗小闪歪着脑袋笑道。

　　"那你能不能等会再问问题啊？没有看到莫叔叔正在工作吗？"

　　"没有关系。"莫阳笑笑说，"难得有客人到我们潜艇上来，我可以随时解答你们的疑问。刚刚罗小闪同学问的'链'，是我们海军或航海的专业术语，是一个长度单位，1链是185米，相当于十分之一海里，60链大概就是11000米左右。"

　　"那莫叔叔，'目标方位15度'是什么意思呢？"明俏俏又问道。

　　"目标方位角度是一个方位角从某一点的指北方向线算起，按顺时针方向至某目标点的方向线之间的水平夹角，也称为该目标点的方位角。从真子午线算起的称为'真方位角'；从磁子午线算起的称为'磁方位角'；从坐标系中的纵线算起的称为'坐标方位角'。它的角值介于0°~360°之间。我们现在所说的就是'坐标方位角'。"

　　控制舱里暂时沉寂下来，大家虽然看不懂，却也都默默地跟着莫阳看着电脑的显示屏。又过了半个小时，莫阳忽然对着声麦发出命令："舵手准备，左车进三，首倾五度紧急下潜。"

随着莫阳的命令，潜艇上的潜航警报器发出一声短促的警报声。艇长莫阳提醒大家潜艇马上要进行下潜操作，请大家快速移动至艇艉，增加艇艉重量帮助下潜，并防止摔倒。

紧接着，潜艇里又响起了第二声警报声，大家感觉到身体的重心在慢慢发生倾斜，才知道潜艇正在头部向下慢慢向深海下潜。

潜艇是如何在海里实现下潜和上浮的呢？原来，在潜艇的两侧有两个很大的水箱，潜艇浮在水面上的时候水箱是空的或水很少。当潜艇要下潜时，通过往水箱里注水来增加重力，当潜艇的重力大于浮力时，潜艇就开始下潜，潜艇的下潜速度与潜艇加水箱的重力有关，当快下潜到预定深度时，潜艇通过水泵把水排出水箱，使重力等于浮力，潜艇就停止下潜了。反之，即可实现上浮。

潜艇慢慢平稳以后，大家又回到控制室，艇长莫阳随即又下达了一道命令："声呐开机，搜索扇面左右舷90到0度！"

随着声呐迅速开机进行搜索，莫阳盯着雷达显示屏，不放过一丝可疑信号。然而狡猾的"敌艇"如一个看不见的幽灵，潜在大洋深处，躲避着猎人的追踪。

战斗之前的静谧最让人窒息，正当潜艇紧张搜索之际，突然，声呐的回波信号消失了。随即广播里传来声呐员急促的报告声："报告舰长，方位30度，距离45链，目标丢失。"

艇长莫阳的脸色也随之变得越来越难看，开始在控制室里焦急地走来走去，紧接着他的右手握成了一个拳头，而且越握越紧，最后一拳砸在指挥台上，大声命令道："在丢失目标左右20度，认真、仔细搜索，注意真假目标判别。"

莫阳特别在"认真仔细"上加重了口气，以图强调执行命令的水兵，千万不要大意、疏忽，而漏掉目标。

1分钟……5分钟……时间一分一秒地过去了，但是仍然没有发现"敌艇"的踪迹，不知是太紧张还是舱室太闷热的缘故，莫阳的手心有些湿热，但仍然目不转睛地盯着显示屏，不时地调整声呐的灵敏度与俯仰角。

这时，罗小闪忍不住问道："莫叔叔，我们在潜艇里面什么也看不到，你们是怎么在水下搜索敌人的潜艇的？"

虽然正在紧张地搜索中，但莫阳仍回头笑着耐心地回答孩子们"这是因为我们的潜艇有'眼睛'和'耳朵'呀！"

'眼睛'和'耳朵'？"路小果不解地看着莫阳，"潜艇的'眼睛'和'耳朵'是什么？是潜望镜吗？"

莫阳摇摇头答道："潜望镜只能看水面以上的物体，

我所说的'眼睛'和'耳朵'可不是这个。"

"那是什么？"

"声呐。声呐就是潜艇的'眼睛'和'耳朵'。"

"声呐？声呐是什么东西？"

莫阳答道："声呐是一种利用声波在水下的传播特性，通过电声转换和信息处理，完成水下探测和通信任务的电子设备。由于光在水中的穿透能力很有限，即使在最清澈的海水中，人们也只能看到十几米到几十米内的物体；电磁波在水中衰减太快，只能传播几十米。然而，声波在水中传播的衰减就小得多，在深海声道中爆炸一个几千克的炸弹，在两万千米外还可以收到信号，低频的声波还可以穿透海底几千米的地层，并且得到地层中的信息。在水中进行测量和观察，至今还没有发现比声波更有效的手段。"

路小果赞叹道："哇！声呐这么厉害？"

罗小闪问道："莫叔叔，既然声呐这么厉害，为什么跟踪的目标还会丢失呢？"

"声呐也不是万能的，声波在传播途中受海水不均匀分布和海面、海底的影响和制约，会产生折射、散射、反射和干涉，会产生声线弯曲、信号起伏和畸变，造成传播途径的改变，以及出现声阴区，严重影响声呐的作用距离和测量精度。但这艘潜艇在这么近的距离还能几次躲过我方潜艇的搜索，确实很让人费解。"

"难道这是一艘'幽灵潜艇'？"明俏俏冷不防地冒出一句。

"明俏俏你别耸人听闻了，什么幽灵不幽灵的？"罗小闪显然对明俏俏的发言感到不满，"幽灵"本来就是一个迷信的说法，而他一向是反对迷信的。

让大家没想到的是，莫阳却赞同了明俏俏的说法："俏俏小朋友说得有道理，我们跟踪的这艘潜艇确实透着一点古怪，称它为'幽灵潜艇'也不为过，目前世界上最先进的潜艇似乎也很难在这么近的距离逃过我们的侦测。但是，这个'幽灵'却几次前来骚扰，几次又躲过我们的追踪，确实很厉害！"

罗小闪正想再问几个问题，莫阳忽然对着广播的话筒大声喊道："同志们，祖国考验我们水平的时刻到了，大家一定要克服对手隐蔽、海况复杂等不利因素，把最高的训练水平拿出来，活捉'敌人'。"

时间一分一秒过去，可是"敌艇"仍然毫无踪迹。望着暂时僵持的局面，艇长莫阳的额头上冒出了细密的汗珠。这时，他的脑中突然浮现出一个大胆的想法：紧急停车试探潜艇目标。他果断命令道："停车，声呐改用噪音方式工作，进行听测。"

广播中忽然传来一个水兵质疑的声音："艇长，停车

会不会给敌人制造攻击机会，给我们带来危险？"

"执行命令！"莫阳毫不迟疑地再次肯定了自己的决定。紧接着大家忽然感觉到一股惯性的冲力，身体都轻微向前栽了一下，大家都知道潜艇正在慢慢地停下来。指挥舱所有人都在紧张气氛的影响下屏住呼吸，注视着战位上的各类仪表，捕捉着"敌艇"的信息。

"报告舰长，方位15度，距离45链，发现目标。"广播中忽然传来声呐兵惊喜的报告声。

"保持接触，准备攻击。"莫阳果断地下令。

莫阳话音才落，忽然又传来水兵紧张的呼叫声："报告艇长，发现敌人准备攻击信号。"

舰长莫阳随即命令道："两进三，加大航速。锁定方位15度，距离45链，定深150米，发射深水鱼雷！"原来是莫阳决定先发制人，在高速规避中先于敌人发起攻击。

真正的战斗开始了，指挥舱的气氛蓦然变得更紧张了，明悄悄的手不由自主地抓住了路小果的手，路小果感觉到明悄悄的手心里全是汗。罗小闪则神情专注地站在莫阳的身后，和莫阳一起目不转睛地盯着眼前的电子屏幕——尽管他对那上面的数据一窍不通。

巴特尔教授显然对这种战斗场面毫无兴趣，他拍拍路浩天的肩膀说："路先生，这里的空气太压抑，我们还是到走道里缓口气吧。"

　　路浩天点头回应，两人一起走出指挥舱，莫阳和三个好奇的小伙伴都神情专注地盯着电子屏幕，谁也没有注意到他们俩的离开。

　　大约30秒后，广播里忽然传来士兵紧张的报告声："报告艇长，鱼雷未能击中目标，方位25度，距离35链，发现不明金属回波，正向我艇高速靠近。"

　　"左满舵，紧急退三！"莫阳果断命令，心里却忽然变得高度紧张起来，对方居然轻易避过鱼雷的攻击，不仅没有逃遁，还迎面而来，它究竟想要干什么？难道要与我方同归于尽？这种自杀式的战术，也不符合常理呀！想到这里，莫阳不由地惊出一身冷汗来。

第八章 猫鼠游戏

"你们看，这个白色的是我们的'神龙号'，这个绿色的就是敌艇。"莫阳指着眼前的电脑显示屏，让三个小伙伴看。他们果然在电脑屏幕上看到一个方块套住的绿色柱状目标正在向一个白色柱状目标快速移动着。可以看出，绿色目标不偏不倚正是对着白色目标奔过来，而且绿色目标的速度要远远高于白色目标。

"天哪，它要撞向我们！"明俏俏发出一声惊呼！

"莫叔叔，我们得躲避，不能和它硬碰硬呀！"罗小闪也忽然大声提醒莫阳说。

"当然，我们已经做出规避动作了。"莫阳表情镇定地答道。

路小果想起刚刚莫阳说过的一句话，问道："莫叔叔，你刚刚说的'左满舵，紧急退三'就是在下令我们的潜艇躲避吗？"

莫阳回答："是的，'左满舵'的意思就是以最大可能快速地向左掉转潜艇，'紧急退三'的意思就是全速后退。"

明俏俏担心地问："莫叔叔，我们能躲避过去吗？"

莫阳无奈地苦笑一下，答道："那就要看运气了，据我观察，敌艇的所有性能指标都高出我们很多，所以我们只能尽自己最大的努力。"

时间在一秒一秒地过去，电脑屏幕上绿色目标距离白色目标越来越近，大家的心也随着绿色目标的靠近而越悬越高。

忽然广播里传来声呐兵紧张而急促的报告声："报告艇长，方位5度，距离2链，目标正在向我极速靠近，请艇长指示规避方位。"

"右满舵，紧急上浮！"莫阳再次下了一个命令。

电脑屏幕上的绿色目标正在一点一点地向白色目标靠近，路小果的脑海中像是闪耀着电影的快镜头一样猜测着：两个庞然大物紧急相撞在一起，结果会是什么样的呢？一定是像美国拍的灾难大片里那样，一片尖叫与翻滚之后，大家头破血流；或者伴随着狼藉满地，然后痛苦地死去；又或者舱内燃起大火，然后海水灌入舱内，大家在水中挣扎一会儿，窒息而死……

究竟会怎么样，很快就会有结果了。路小果看到现场每一个人的手掌都随着两个目标的接近，慢慢握成了拳头，并且越握越紧……灾难即将降临，大战一触即发。

然而果真应验了一句战争名言：战场局势瞬息万变，结果总是难以预料。就在大家静静地等待着灾难降临的时候，忽然出现了让人预料不到的变化。

让莫阳和大伙儿感到意外的是，就在绿色目标接近"神龙号"的一瞬间，竟然猛地来了个左转向，向"神龙号"的左后方驶去，两者几乎是擦肩而过，莫阳甚至能感觉到"敌艇"和自己的"神龙号"打照面时瞬间袭来的巨大磁场。

"方位10度，距离5链，规避成功，目标向我左后方逃离。"广播里随即传来水兵惊喜的报告声。

真的如声呐兵所说，是"神龙号"规避成功的吗？莫阳其实心里有数。他很清楚地知道，对方如果今天想和自己的"神龙号"同归于尽的话，"神龙号"绝对难逃一劫。他在揣摩：对方到底是什么意思呢？如果对方不想两败俱伤，干吗又做出如此危险的动作？难道对方是临时改变的主意？还是对方根本就是在有意戏弄他们？

莫阳有点沮丧地想：如果对方是有意戏弄他们的话，那说明一切都在对方的掌控之中，对方潜艇的先进程度高出自己的何止十倍、百倍？

想到这里，莫阳忽然感到有点不寒而栗——对手实在太可怕了。

怎么办？莫阳是个不服输的人，用通俗的话说就是有股牛劲，不达目的决不罢休，这也是他年纪轻轻就能当艇长的原因。所以只犹豫了3秒钟，他就下达了追击命令：

"急转左90度，五度下潜。"

"全舵向左，全速追击。"

……

对于路小果等三个小伙伴来说，这一场惊险的海底追逐战，就像在观看一场精彩的战争电影，甚至比电影要精彩多了。毕竟他们都是第一次亲身参与这种真实的战斗场景，尽管没有硝烟，尽管没有震耳欲聋的枪炮声，但那种惊心动魄的心理历程绝不是一般人能遇得到的。他们三个的情绪随着指挥台上对讲机里传来的战情变化，也在不停地变化着，时而兴奋、时而紧张、时而高兴、时而失望，心情变换的频率绝不亚于坐在指挥台前的艇长莫阳。

此刻，巴特尔教授和路浩天正在会议室里聊天，虽然他们俩也是第一次经历这种场面，但大人还是比小孩能沉得住气，也或许是都不懂战争的缘故，从头到尾，他们俩都没有发表任何意见。

由于潜艇上不能吸烟，巴特尔教授急得在狭小的会议室里走来走去，尤其是在心情紧张的时候，他更需要用香烟来缓解自己的情绪。根据巴特尔教授的歪理，人在紧张的时候，大脑稍微有些供氧不足，抽烟可以让血液循环加快，给脑部提供氧气——这个未经证实的理论或许也只是巴特尔教授之类的"瘾君子"为自己不想戒烟而找的一个冠冕堂皇的借口而已。

烟瘾让巴特尔教授变得有点焦躁不安，当他在会议室里踱步到第56个来回的时候，他实在忍不住了，便求助路浩天："路先生，你有什么办法能让我抽两口吗？两小口就行！"

"巴特尔教授，这个……我实在是无法帮您，您就再忍忍吧，或许潜艇很快就会往回转的。"路浩天知道在潜艇里是不能吸烟的，所以对巴特尔教授的这个求助也感到无能为力，只好无奈地安慰着他。

巴特尔教授摆摆手说："往回转？恐怕没有那么容易吧？你没有听见吗，莫艇长说他已经对上级下了军令状了，不拦截到这个幽灵一般的家伙，他回去怎么交代？我就不明白了，这潜艇的什么破规定？为什么就不让吸烟呢？"

"巴特尔教授，这您都不知道吗？"路浩天诧异地看着巴特尔教授说，"在封闭的环境里吸烟能对人的身体造成很大的伤害，这只是其一；其二，吸烟很危险，由于潜艇上大量的蓄电池会放出氢气，而氢气达到一定浓度并且一遇火星就会发生爆炸造成艇毁人亡，所以潜艇上不许抽烟。有一则新闻您看过没有？2008年11月8日，俄国'阿库拉 II'级'猎豹'号攻击型核潜艇因消防系统非法启动，导致20名艇上人员吸入释放出的灭火气体氟利昂造成窒息而死。据俄国报纸披露，此次事故很可能是有人在潜艇里吸烟造成的，这个教训多深刻呀！所以……"

"可是就一点办法都没有吗？"巴特尔教授有点迫不及待地打断了路浩天的话，看样子他真的憋得受不了了。

"或许有一个办法，您可以试一试。"路浩天看着巴特尔教授的可怜样，给他出了一个主意，他的这句话又让巴特尔教授看到了希望，巴特尔教授立即喜出望外地问道："什么办法？快说！"

"就是您……"

"哎呀！"路浩天话未说完，突然发出一声惊呼，他和巴特尔教授都猛地向前一个趔趄，差点摔倒。原来，这时正是莫阳下达紧急下潜命令的时刻，潜艇在头向下，尾部朝上执行紧急下潜指令，致使他们失去了平衡。要在平时潜艇里到处都是水兵，可能会有人提醒，但是现在他们的潜艇里全是值班人员，各自都坚守在自己的岗位上，谁也没有注意到会议室还有两个人。

惊呼声提醒了莫阳，他才发现舅舅巴特尔教授和路浩天不在控制舱了。他从控制舱里探出头对着巴特尔教授两人喊道："巴特尔教授，老路，你们还是到我身边坐着吧，免得摔倒。"

巴特尔教授和路浩天闻声来到指挥舱，还没有坐下，巴特尔就追问道："路先生，你刚刚说了一半，到底是什么办法，请你接着说。"

"你们在说什么？"莫阳头也不抬，眼睛依旧盯着电脑屏幕随口问道。

"正好！"路浩天笑道，"您可以问问我们的莫艇长，他应该有更好的办法让您过一下烟瘾。"

可是莫阳立即斩钉截铁、毫不留情地拒绝说："吸烟？不可能！潜艇里绝对禁止吸烟。"

路浩天知道莫阳误会了他们俩的意思，立即解释说："潜艇上有规定，这个我也知道，我说的办法，是让巴特尔教授到潜艇外面去抽。"

"你是说让我把潜艇浮到水面，让他到舰桥上去抽烟吗？"莫阳瞪大了眼睛，像是不认识路浩天似的，叫道："天哪！老路，你可真会出馊主意，我们现在正在追击敌艇，怎么可能停下来？"

"当然，我可以等你不追的时候……"巴特尔教授可怜兮兮地笑着，仿佛是在乞求莫阳。

第九章 管闲事的海鸥

莫阳哭笑不得地说道："尊敬的巴特尔教授，难道吸烟比吃饭还重要吗？"

"饭可以不吃，烟不抽不行啊！"巴特尔教授厚着脸皮答道。

"我可是饿得前胸贴后背了，大家还是先用餐吧，让大家饿了这么长时间，实在不好意思。"莫阳说完，随即又对着耳麦问道："厨房，晚餐准备好了没有？我的客人要用餐了。"

莫阳一提醒，大家才想起来他们的午饭还没吃呢，但事实上现在已经到了吃晚饭的时间了。路小果三个小家伙这才感觉到自己的胃也在抗议了。

巴特尔教授大概是只想着吸烟，已经忘记了时间，他吃惊地问道："怎么？已经到了吃晚饭的时间了吗？"

"当然了教授！"莫阳看看表说，"现在将近晚上七点，我们已经离开港口六个多小时了。"

"什么？六个小时！那我们现在在哪里？"巴特尔教授吃了一惊，显然他没有想到时间过得这么快，也不知道潜艇在六个小时里能走多远，会把自己带到太平洋的哪个地方。

莫阳扭头看了看电脑屏幕回答说："唔……我们一个刚刚穿过台湾岛东北部，向太平洋深处进发。"

"什么？我们已经到了太平洋？噢，天呐！"巴特尔教授惊叫起来，"莫阳艇长，你准备带我们到太平洋作免费旅行吗？"

"哈哈，巴特尔教授，您要是想支付一点旅游费用我也没有什么意见！"莫阳开着玩笑说道。

"巴特尔教授，您干吗这么吃惊呢？这是多难得的一次海洋冒险之旅呀！您就当来太平洋度假了，也没有什么大不了啊！"路小果看着巴特尔教授惊讶的表情，打趣地说道。

"是啊，巴特尔教授，恐怕您活这么大年纪也没有过这样的经历吧？"罗小闪也插话笑道。

巴特尔教授叹息着说："是啊，我还真没有你们幸运，小小年纪就能经历这样惊心动魄的冒险旅行。"

明俏俏又接着说道："惊心动魄的旅行倒没有什么关系，我只祈祷莫阳叔叔能把我们安全地带回陆地，别沉在水里喂鲨鱼就行。"

　　莫阳哈哈一笑说："大家别担心，我一定会把大家毫发无损地带回去，这是我作为'神龙号'艇长的职责。"

　　莫阳话音刚落，负责厨房的水兵就来报告："艇长，晚餐已经准备好，您的客人可以用餐了。"

　　莫阳笑着做了个邀请的姿势说："晚餐准备好了，入席吧，各位。"

　　大伙儿在莫阳的带领下弯腰穿过两道狭窄的圆形水密门，来到生活舱的餐厅位置。说是餐厅，其实就是一条长约3米，宽约50厘米的长方形小桌，再配一些小凳。餐桌上放着两道菜，土豆炖排骨、洋葱炒鸡蛋。桌上的菜肴还在冒着热气，在餐桌的另一端，还放着两盘水果，一盘是香蕉，另一盘是苹果。

　　"哇！好香啊！"路小果一马当先地将鼻子凑到土豆炖排骨的餐盆前，馋得口水都快流出来了。路浩天在后面说道："这会儿知道馋了，平时在家里你妈妈炖排骨，你可是尝都不带尝的。"

　　巴特尔教授接话道："那呀，是因为没有饿极，饿极了什么都是香的，现在的孩子，都是营养过剩，平时只想吃零食，到了吃正餐的时候，却什么都不想吃了。"

　　莫阳扭头一看，原来，三个小伙伴早就迫不及待地开始了狼吞虎咽。路小果一边吃一边发着感慨："这是我有生以来吃得最香的一次炖排骨了！"

罗小闪好奇地问道："莫叔叔，你们这里为什么只有土豆洋葱，而没有新鲜蔬菜呢？"

莫阳答道："你这个问题问得好，我告诉你，这里的每一道菜、每一种水果都透着学问呢。"

"那都有什么学问呢？"明俏俏一边用筷子夹着一块土豆往嘴里送，一边好奇地问莫阳。

莫阳轻轻一笑，答道："为什么我们的菜大多是土豆洋葱呢？那是因为我们一般下海执行任务的时间都很长，少则几天，长则十天半月，土豆洋葱容易保存，水分不易流失，而绿叶蔬菜一两天就蔫了、变质了，变质了就不能吃了；为什么要多吃排骨呢？因为我们潜艇中执行任务的官兵叔叔长期见不到阳光，要做一些排骨汤等菜品补充钙质。这些叔叔们长期在水下工作体力消耗很大，为了能迅速恢复体力，所以还要保证让官兵们多吃水果，懂了吗？"

路小果一边点头一边又问道："莫叔叔，我还有一个问题，我们的潜艇一直在水下航行，我们呼吸的氧气从哪里来呢？"

莫阳停下吃饭的动作，用赞许的目光看着路小果说："真是一个爱动脑筋的孩子，好，我告诉你，常规潜艇一般在常温下利用过氧化钠固体或者超氧化钾固体与二氧化碳反应生成碳酸钠和氧气，它的优点是不仅能够制备氧气，而且还能消耗人呼吸排出的二氧化碳，不至于使潜水艇中二氧化碳的浓度过高。在极其特殊的情况下，常规潜艇还会电解水来制造氧气，核潜艇因为能量充足所以就是用电解水的方法制造的氧气，但也会带一些氧气再生药板以备急用……"

莫阳话未说完，餐厅门口忽然传来一个水兵的声音："报告艇长，方位15度，距离80链，目标丢失。"

"邪气了！"莫阳自言自语了一声，饭也不吃了，就慌忙向指挥舱冲去。过不一会儿，他又折了回来，一脸懊恼地说："真是撞鬼了，对手真如幽灵一般，神出鬼没，又让它溜掉了。"

莫阳的话也让大家变得沮丧起来，路小果正准备安慰莫阳叔叔几句，忽然耳边传来巴特尔教授的声音："溜掉好啊，溜掉咱就不追了，你把潜艇停下来，咱出去透透气，难得到这大海里旅行一次，我要好好欣赏一下这太平洋的风光。"

巴特尔教授这会儿正好吃完饭，烟瘾正好又犯了，所以才说出这样的话来。路小果用一种责备的眼神看着巴特尔教授，不解地问："巴特尔教授，您怎么能说出这样幸灾乐祸的话呢？"

巴特尔教授一副很冤屈的样子说道："我幸灾乐祸了吗？我没有啊，我只不过说了一句大实话，难道非要追下去，弄个两败俱伤吗？不见得吧？"

莫阳没有好气地说："我的大教授，您想出去抽烟就直说得了，还拿什么欣赏风景作借口？"

巴特尔教授也不见怪，笑道："你要是这样理解也行，再说在这下面憋了六七个小时，小朋友们也要出去透透风，撒泡尿啊！"

"上厕所，我们可以在潜艇内部的卫生间里，干吗要到外面去？"罗小闪大声反对着，他才不愿因为自己出潜艇上厕所而耽误莫阳叔叔追击敌艇呢！

莫阳却笑道："你还别说，要想上厕所，还真得到舰桥上去，在潜艇里上厕所我还真怕你们不会上。"

罗小闪不服气地说："上厕所谁不会啊？"

路浩天忽然接着说道："你忘记莫叔叔给你们讲的笑话了吗？罗小闪，你真别不服气，在这潜艇里上厕所可不比在地面，光开关和各种阀门就得五六次，稍有不慎，粪便就会喷你全身。"

罗小闪吐了一下舌头，"那算了，我还是到舰桥上厕所吧！我可不想洗'大便浴'。"

大家都被罗小闪的话逗笑了。潜艇得到莫阳的口令以后，慢慢上浮并停了下来。舱门一打开，最着急上去的当然是巴特尔教授，他被烟瘾折磨得快受不了了，所以最先冲上舰桥；罗小闪跟着上去，他是第二最着急的，因为他要急着上厕所。

　　轮番上完厕所以后，大家才共同聚齐站到舰桥的甲板上，这时夕阳刚刚泛红，离海面还有一丈多高。环视四周，三面全是苍茫无边的湛蓝色海水，唯有西面的海水被夕阳染得一片通红。海浪撞击着潜艇的甲板，传出"哗啦，哗啦"的声响，一阵凉凉的海风吹过来，站在潜艇乌黑色甲板上的路小果，此时忽然感觉自己犹如一个骑在庞大的鲸鱼背上环游太平洋的小小旅行家。

　　罗小闪和明俏俏在叽叽喳喳地争论着什么，巴特尔教授正靠着栏杆惬意地吞云吐雾，陶醉其中。

　　大家正在欣赏海面上的晚霞时，头顶上忽然传来几声海鸥的叫声，路小果抬头叫道："大家快看！那里有一只海鸥！好漂亮的海鸥！"

　　明俏俏也惊喜地叫道："啊！看！那海鸥向我们飞过来啦！它向我们飞过来啦！"

　　大家不约而同地抬头望去，果然见到一只白色的海鸟，伸直了翅膀向着潜艇的方位俯冲下来，速度非常快。大家几乎还没有反应过来，就听到巴特尔教授"哎呀"叫了一声。大家都怔怔地看着目瞪口呆的巴特尔教授，巴特尔教授正满脸痛苦地用左手捂着右手，但是大家发现，他手中的香烟已经不见了——原来，这海鸥把他的香烟给叼走了。

　　这一幕发生得太过突然，完全出乎了大家的预料，谁会想到一只海鸥会去抢走巴特尔教授手中的香烟呢？难道海鸥的烟瘾也犯了吗？这可是千古奇闻。

巴特尔教授生气地对海鸥飞走的方向大喊："嗨！你这捣蛋的家伙！干吗抢走我的香烟？我得罪过你吗？真是多管闲事！"

这戏剧性的一幕，快把大伙儿笑喷了。路小果笑得捂着肚子说道："巴特尔教授，您看，您在这大海上吸烟，连海鸥都看不下去了。"

明俏俏也笑着说："也许海鸥是帮着您来戒烟的。"

巴特尔教授没好气地说："嗨！我说你们为什么不认为是海鸥的烟瘾也犯了，来抢我的烟吸呢？"

"哈！巴特尔教授，海鸥可不是您，它才不吸烟呢！我看海鸥就是大海的环境卫士，它在巡逻中发现了您抽烟，抢走香烟只是一个警告，下次恐怕要来拔您的头发喽！"罗小闪幸灾乐祸地说道。

莫阳笑道："巴特尔教授，还是三个孩子说得对，我看您呀，早该戒烟了！再不戒烟，林则徐老先生就要来找您了。"

大家都知道林则徐是我国清朝的禁烟英雄，著名的虎门销烟就是他的丰功伟绩。

大家正开心地笑着的时候，舱口下面忽然传来刺耳的警报声。

第十章 伟大的水兵叔叔

莫阳一听到警报声，立即知道发生了新情况，随即大喊道："发现敌情，大家快进潜艇！"

大伙儿听到莫阳紧张的喊声，也都变得紧张起来，连忙进入舰桥，顺着梯子下到潜艇内部，回到控制室。

莫阳在指挥台上刚坐稳，水兵就报告："声呐发现目标，方位30度，距离50链。"

"好！"莫阳兴奋地拍了一下指挥台，对着声麦连续下达了几道命令：

"急转左30度，10度紧急下潜。"

"紧急进三，全速追击。"

……

时间在一分一秒地流逝，三个小伙伴都紧张兮兮地看着莫阳指挥潜艇，巴特尔教授却丝毫没有被现场的紧张气氛所感染，反而和莫阳开着玩笑："我说莫艇长，你这追到什么时候是个头啊？难道你的目标跑到大西洋，你也要追到大西洋吗？"

莫阳答道："巴特尔教授，您是不知道这家伙有多么的猖狂！两个月六次入侵到我国海域，简直是欺人太甚，我这次不追到它誓不罢休。"

巴特尔教授又说道："哈！年轻人，有冲劲是对的，但是你也应该看到了，对方能在你的眼皮子底下几次溜走，说明它的实力可不弱哟！恐怕……"

罗小闪忽然插话反对巴特尔教授说："巴特尔教授，您怎么能长他人志气，灭自己威风呢？您应该给莫阳叔叔鼓劲、加油才对呀！"

巴特尔教授用一种冷淡的语气说道："我看过了，就是再加油、鼓劲，恐怕莫艇长也很难追上敌人。"

莫阳有点难为情地说："对方的实力比我们强，这是毋庸置疑的，可是，我也不是遇到困难就退缩的人啊，迎难而上才是我军的风格。"

罗小闪举着拳头兴奋地说："对于侵犯我国领海主权的敌人，我们要坚决反击，莫叔叔，你大胆地追吧，我们支持你！"

莫阳回头笑道："好样的，罗小闪同志！看到没有巴特尔教授？我们海军后继有人了。"

"罗小闪精神可嘉，可惜……"巴特尔教授话中有话，欲言又止。这让罗小闪有点急了，他以为巴特尔教授看不起自己呢，不服气地追问道："可惜什么呀巴特尔教授？"

"可惜你年纪太小了，否则莫阳这个臭小子就该让位，让你来当这个艇长了。"

罗小闪这才喜笑颜开地说道："巴特尔教授，有了你的这句话，我将来一定报名参军，当一个像莫阳叔叔一样优秀的指挥官。"

大家正说得热烈的时候，路浩天忽然担心地问莫阳："老莫，我们如果不小心闯入别国的领海怎么办？"

"放心吧！我们的潜艇在出航前，负责导航的军官和部门，就已经制定出了一条预先航路，并把航路中的各种要素，如岛屿、浅滩、暗礁、水深、地质、海流、沉船等事先标注在海图上，潜艇出航一般都是按照既定的航路行驶的。但潜艇在深水之中，无法观察到外界的导航标志，必须要有先进的水下导航仪器随时定位，不断地修正航路，才能确保不偏航。潜艇的导航仪器比较多，在水下靠的是声呐和惯性导航，在水上靠的是雷达和卫星。所以我们要只要保证在公海上行驶，就不会有问题。"

莫阳又对大伙儿讲了很多关于潜艇导航的知识，眼看时间已经9点多了，可是"幽灵潜艇"与"神龙号"始终若即若离，好像故意在和它捉着迷藏。于是，莫阳建议道："看来短时间内追上敌艇的可能性不大，你们先去休息吧！"

"我不睡，我要和莫叔叔一起追击'幽灵潜艇'。"

罗小闪态度坚决地反对着。对于一个军事迷来说，还有什么能比观看一场战斗更过瘾的呢？所以他不想错过这个千载难逢的好机会。

"不行！"莫阳拒绝了罗小闪的要求，他说，"追击敌艇是我们潜艇官兵的职责，跟你无关。如果你不保证充足的睡眠，怎么能看到后面更精彩的追击场面呢？不过……条件可能差了点，大家将就着睡吧！"

罗小闪听莫阳这样一说，才极不情愿地随着大家到了休息舱。如果没有上过潜艇，还真会被水兵的床铺吓一跳。原来这休息舱真可谓最大限度地利用了艇上的空间，所有床铺见缝插针地布置在鱼雷、导弹发射管的周围。说是搂着鱼雷和导弹睡觉也不为过，而且头顶上还到处是仪表、管道和阀门。

路浩天看着错落不齐，又拥挤不堪的床铺惊呆了："水兵兄弟们真是不容易！"巴特尔教授也吃惊地看着自己将要睡觉的地方，喃喃说道："我可怜而又伟大的水兵小伙子们！我巴特尔向你们致敬了！"

"向不怕苦的水兵叔叔们致敬！"罗小闪说着"啪"地对着床铺敬了一个不太标准的军礼。

路小果看着罗小闪一本正经敬礼的样子，感觉很搞笑，说道："罗小闪你对着床铺敬什么礼呀？你应该当着水兵叔叔的面敬礼才算。"

　　罗小闪没有理会路小果的讥笑，而是放下手说道："我罗小闪现在立誓，长大后要做一个伟大的水兵，将来驾驶潜艇遨游大洋，保卫祖国的领海。"

　　"哟！真有志气！"巴特尔教授半是开玩笑，半是赞许地说道，"但愿你听到鱼雷的爆炸声时，不要吓得尿在水兵叔叔的床上。"

　　明俏俏害怕光不溜秋的鱼雷，选了一个没有靠着武器的床铺爬了上去，刚一抬头，就撞到金属管子上，直碰得她眼冒金星，一摸额头上居然起了一个大包，她带着哭腔抱怨道："真是倒霉透了！还没有睡下去头就碰了个包。"

　　"明俏俏，你应该感到幸运，这分明是潜艇想给你留下一个纪念！"罗小闪幸灾乐祸地笑着说，"这还从另一个角度说明，水兵叔叔是多么不容易！"

　　"你别偷着乐，潜艇早晚也会给你留个纪念。"明俏俏气鼓鼓地说道。

　　路小果安慰明俏俏说："听莫叔叔说，每一个水兵叔叔来到潜艇的前几天，头都会被碰几次，明俏俏你才被碰一次，够幸运的了。"

　　三个小伙伴说笑了一会，各自睡去。路浩天和巴特尔教授说了一会儿话后，也渐渐进入梦乡。

　　由于潜艇是封闭的，完全见不到阳光，所以不存在太阳照着屁股还没有醒来的情况。八个小时过去，当大家还在睡梦中的时候，被莫阳叫醒了。

罗小闪首先向莫阳询问了他所关心的事情——追踪"幽灵潜艇"的情况。莫阳回答说仍然没有"幽灵潜艇"的消息。这让三个小伙伴有点失望，他们都希望早点追到这个神出鬼没的"幽灵潜艇"，好揭开它的神秘面纱，看看它到底是何方神圣。

然而，"幽灵潜艇"就如一条狡猾的泥鳅，每次都让莫阳在以为能抓着的时候，又从他的指缝中溜走，且鱼雷等常规武器对其基本无效。莫阳虽然偶尔会感觉束手无策，但他是个凡事不服输的坚毅军人。他这次是铁了心要把这个狡猾的"幽灵"抓住，他当然不相信这世界上有"幽灵"存在，但通过几次的交手，他发现这个"幽灵"无论从航速、性能，还是规避战术上来讲，都要胜出自己许多，这说明对方的科技水平绝对要比我方高出许多倍。但越是这样，越是激起了莫阳的好胜之心，他决定，无论追多远，都要把这个"幽灵"抓住。

又是三个小时过去了，"幽灵潜艇"还是若隐若现地和自己保持着一定的距离。莫阳隐隐感觉到，对方似乎有意在和自己的"神龙号"保持距离，难道对方在玩什么阴谋？还是对手在故意戏弄自己？莫阳忽然有点担忧起来，他倒不是为自己的安危担心，而是为"神龙号"上的五位客人。因为一旦和对方交起手来，必然是一场你死我活的争斗，无论输赢都会有很大的危险性。自己的生命早已交给了祖国，死不足惧，但是五位客人却是无辜的。

大约又过了10分钟，水兵忽然前来报告："目标丢失！"

莫阳强忍着心中的愤怒，下达了"继续前进，全力搜索"的命令。又是难熬的一个小时过去了，依然没有"幽灵潜艇"的消息，莫阳着急地看看手表，对着广播喊了一句："导航员，报告潜艇位置！"

马上，广播里传来导航员的报告声："报告艇长，我艇现在到达东经128度、北纬18度。"

导航员报告的位置只是一个坐标，具体的位置还要在电脑的地图上查看。莫阳低头在电脑屏幕的坐标图上查看了一番，却没有说话。

"莫艇长，我们现在到什么地方了？"巴特尔教授忍不住问了一句。

"我们现在在这里！"莫阳指着电脑屏幕上一片蓝色的区域答道。很明显，这片蓝色的区域代表着大片的海洋，并没有陆地，甚至一个小岛都没有。巴特尔教授不满地问道："莫艇长，请你说明白点，这里前不着村后不着店的，连个参照的小岛都没有，我怎么知道这是什么鬼地方？"

莫阳连忙赔笑道："巴特尔教授，我们现在位于距离台湾以东大约1500千米的太平洋里。"

"什么？1500千米？"巴特尔教授吃惊地说，"莫艇长，你把我们带到这鸟不拉屎的地方，我们还能回得去吗？"

　　"当然能了，巴特尔教授，您不用担心，我们有充足的燃料和食物。"莫阳回答。

　　路浩天听了莫阳的话，也吃了一惊，忧心忡忡地对莫阳说道："老莫，我们追了这么远，也没有结果，你是不是该考虑往回转了。俗话说：穷寇莫追。对方一直和咱们捉迷藏似的，我怀疑他们是在诱敌深入，会不会是一个圈套？"

　　路浩天的话让莫阳一时陷入沉思之中，这也正是之前他所担心的。按照对方的实力，他们应该早就可以摆脱自己的潜艇，但他们为什么总是和自己保持着一定的距离？难道这真的是一个圈套？

　　莫阳还在沉思的时候，忽然广播中传来声呐兵紧张的报告声："报告艇长，声呐探测到无数不明回声，呈扇形向我包围过来！"

第十一章 海底火山

声呐兵的话让莫阳大吃一惊，他连忙对着广播问道："什么？'无数'是什么意思？"

"报告，'无数'就是无法计算的意思。"

"我去看看！"莫阳喊了一句，立即灵活地扭动了一下身躯向声呐舱奔去。一到声呐室，他立即拨开声呐兵的身体，自己接过探测仪，亲自倾听起来。听了几秒钟后，忽然神色大变，如临大敌般地发出一声大吼："快拉警报！"

继而他又发出一连串的命令："头5尾10！紧急上浮！"

……

"左转舵，全速后退！"

……

大家忽然一阵前后摇晃，便知道"神龙号"正在浮出水面。

　　莫阳紧张的命令声也让大家立即陷入一片恐慌之中，大伙儿都不知道发生了什么紧急情况。难道真的是"幽灵潜艇"诱使"神龙号"进入了敌人的包围圈？或者是"幽灵潜艇"忽然转过来偷袭"神龙号"？还是遇到了别的什么情况？

　　看着莫阳严肃的表情，大家都不敢问，只有巴特尔教授不在乎，带着悠闲的口气问道："莫艇长也是身经百战的老战士了，怎么一点也不经事儿，什么情况竟然让你如此惊慌？"

　　"舅舅！我们遇到了以前从未遇到的紧急情况。"情急之下，莫阳也顾不得叫巴特尔教授了。

　　看莫阳如临大敌的样子，大家更加紧张了，一时议论纷纷起来。

　　"老莫，越是这样你越要冷静，千万别慌。"路浩天强压着自己的紧张心情，安慰莫阳说。莫阳点点头，又陷入短暂的沉思之中，他的大脑在飞速地运转着，思考着应敌的办法。他知道自己是整个潜艇的最高指挥官，所有人的生命都掌握在自己的手里，任何微小的差错都可能给"神龙号"带来灭顶之灾，所以他必须让自己冷静下来，对每一步都做出正确的判断。

　　路小果忍不住问道："莫叔叔，我们是不是遇到了很厉害的敌人？"

莫阳摇了摇头答道："情况还不明，不过从声呐信号分析，如果不是遇到了大批的敌人就是这片海域有问题。"

明俏俏口无遮拦地问道："莫叔叔，难道我们真的遇到了海妖、幽灵什么的吗？"

罗小闪正要数落明俏俏几句，却听莫阳答道："恐怕比海妖、幽灵还要可怕！"

"啊？"三个小伙伴吃惊地张大了嘴巴。他们都清楚莫阳作为潜艇的最高指挥官，绝对不会信口开河。什么样的敌人会比海妖、幽灵还可怕？大家想到这一点都不寒而栗起来。

正在这时，巴特尔教授忽然嘟囔道："潜艇怎么这么热？你们感觉到了没有？"

巴特尔教授这么一说，大伙儿还真感觉到了燥热正在慢慢从潜艇的四周向他们袭来，就好像忽然来到了一个放着火炉的房间，温度正在慢慢升高。

忽然，广播中传来水兵的报告声："报告艇长，舱内温度异常，气温表显示，舱内温度已经升到36度，并且还在持续上升。"

"撞鬼了！"莫阳骂了一句，又问水兵道，"是空调系统故障吗？"

"不是，空调仍在正常运转！"

"难道是海水在升温？"莫阳忽然意识到什么，高声惊呼起来。

莫阳的话一下子把大家给弄糊涂了，好端端的海水怎么可能升温？能让海水升温得需要多大的能量啊！

机灵的路小果忽然想起了海底火山爆发前，附近的海水温度会升高，便吃惊地叫道："天呐！该不会是火山要爆发吧？"

明俏俏诧异地问："火山？你没有搞错吧？这大海里哪儿来的火山啊？"

罗小闪瞥了明俏俏一眼，用略带取笑的口吻说道："明俏俏你真是孤陋寡闻，海底大山多的是，更别提火山了。据统计，全世界共有海底火山两万多座，太平洋里就拥有一半以上。"

路小果点点头说："我在《蓝猫淘气三千问》里也看到过，海底火山爆发之前，会产生大量的气泡，并有海水升温现象，最高时海水可达到几百摄氏度。"

"我明白了！"莫阳忽然恍然大悟地说道。大家同时将目光看向莫阳，不明白他忽然明白了什么。

路浩天也似乎明白了莫阳想说什么，接着说道："老莫，你的意思是，我们发现的声呐信号……"

"对！就是这样，声呐一定是探测到气泡的声音，让我们产生了误会。"

路浩天这时插话道："路小果说得对，海底确实有火山爆发的情况，如果我们今天遇到的是海底火山爆发，那将非常糟糕，火山爆发的时候，我们的潜艇恐怕难以承受高温的岩浆。"

莫阳神情严峻地冲路浩天点头说道："如果是这样的话，对我们来说确实是一场灾难！"

"老爸，我们的'神龙号'潜艇会被烤融化掉吗？"路小果插话问道。

路浩天还没有回答，巴特尔教授忽然笑着答道："毫无疑问，到时候我们都将变成'烤鸭'！"

"啊？那怎么办啊？"明俏俏听巴特尔教授这么一说，吓得快要哭出声来。罗小闪正准备再讥笑明俏俏一番，忽然传来一阵令人心惊肉跳的警报声，莫阳明显已经听出来是潜艇温度过高触发的警报，焦急地说道："海水还在升温，已经到达警戒线了。"

巴特尔教授对莫阳说道："莫艇长，我们的性命可都托付给你了，快想想办法怎么从这海底火山地带逃出去吧！"

莫阳没有心情理会巴特尔教授的调侃，对着广播大声问道："我们离海面还有多高？"

"报告艇长，即将到达潜望深度，距离海面15米。"

"我们航速现在多少？"

"报告艇长，航速48节，已到达最高航速。"

"舱内温度多少？"

"已达到42摄氏度。"

"好！我知道了，立即用潜望镜观察水上情况，随时向我报告！"

莫阳命令声刚落，巴特尔教授带着戏谑的口气叹道："越来越热了，马上就要变'烤鸭'喽！"

路浩天也没有心情开玩笑，心情沉重地对莫阳说道："据我所知，大的海底火山一旦爆发，覆盖面积可达上千平方千米，我真担心我们的潜艇能不能及时撤出去。"

常年在大海里执行任务的莫阳当然知道海底火山爆发的厉害。时间远一点的，有位于冰岛的拉基火山，于1783年的一次喷发为人们所目睹，从25千米长的裂缝里溢出的熔岩达12千米以上，熔岩流覆盖面积约565平方千米，熔岩流长达70多千米，造成了重大灾害。时间近一点的，有1963年11月15日，在北大西洋冰岛以南32千米处，海面下130米的海底火山突然爆发，喷出的火山灰和水汽柱高达数百米，在喷发高潮时，火山灰烟尘被冲到几千米的高空。这是在无人的大洋中发生的情况，要是在有人烟的地方，无疑将是一场巨大的灾难。

莫阳此刻心情极为糟糕，叹了口气道："能不能逃出去要看运气了，这个时候我们也只能听天由命了。"

话音刚落，忽然传来水兵的声音："报告艇长，潜望镜观察结果表明海面上热气腾腾，并有大量的气泡产生。

另外舱内温度已经升到45度了，再热下去，恐怕……"

"继续观察！"莫阳打断了水兵的声音，抹了一把眉头的汗水命令道。他心里很清楚，如果水温过热，潜艇难免要出现意外故障，这个紧要关头一旦发生故障，潜艇抛锚，必将大祸临头。

俗话说：怕鬼偏有鬼。不到10分钟就有水兵报告："报告艇长，无线电、导航发生故障失灵！"

5分钟后，水兵又报告："报告艇长，高压不稳，声呐出现故障！"

无线电、导航、声呐相当于潜艇的眼睛和耳朵，这些东西不工作了，整个潜艇等于成了瞎子和聋子，没有这些，潜艇虽然还能运行，但却无法回航，将永远也走不出大海。

祸不单行，福无双至。不到两分钟，又传来水兵报告："报告艇长，发动机出现故障，已经停止运转，潜艇正在减速。"

"糟糕！"莫阳心中咯噔一下，如果这时候发动机出现故障，无异于让他们陷入绝境，只有等死的份了。他强压住内心的恐惧，沉着地命令道："潜艇按程序上浮，立即组织人员抢修。"

巴特尔一边大把大把地擦着脸上的汗水，一边抱怨道："我说莫艇长，你赶紧把舱门打开，我们要出去透透气，再这样下去，可真要变'烤鸭'了。"

莫阳答道："我也正有此意！"说罢，他命令一个水兵打开了舱门，带着大伙顺着舷梯爬到潜艇的舰桥，莫阳和一个水兵在舰桥的指挥室继续指挥，其他人来到甲板上。这时潜艇正在减速，已经快要停下来了。

大家来到甲板上，一看海面全都不由得大吃一惊，只见海面上白茫茫一片，大量的蒸汽，使得海面上能见度极低，无数的气泡从海水里翻出来，发出"咕嘟咕嘟"的声响。路浩天走到潜艇的尾部接近海水的边缘，用手试了一下水温，立即皱起了眉头，他对走过来的巴特尔教授说道："巴特尔教授，目前海水温已经接近七八十度，我以前做过海底火山生物的相关研究，这说明我们正处在海底火山口附近。据我分析，海底岩浆不断冒出才使得海水急剧升温，估计距离火山爆发的时间已经不长了，恐怕半个小时之内就要喷发。"

"什么？半个小时？可恶！偏偏这个时候潜艇出了故障，我们这次岂不是死定了？不行，我得去告诉莫阳去！"

"等等！"路浩天忽然拦住了巴特尔教授，"巴特尔教授，您告诉他有什么用？难道他不想早点逃出这片海域吗？他现在正在组织抢修发动机，您就别去烦他了。"

巴特尔教授听路浩天这么一说，又停下了脚步。两人正想再讨论一下关于海底火山的问题，忽然听到潜艇头部甲板上传来罗小闪的叫声：

"巴特尔教授！路叔叔！你们快来看，那是什么东西？"

第十二章 善良的幽灵

罗小闪的呼叫声吸引了所有人的目光，路浩天和巴特尔教授闻声迅速向潜艇头部甲板跑过去，然后顺着罗小闪手指的方向瞅过去，却什么也没有看到。原来这海面上雾气腾腾，能见度很低，蒸汽阻挡了他们视线。

"真有个东西！我也看见了！"路小果忽然也兴奋地大喊起来。

明俏俏接着也指着不远处喊道："确实有个东西，是黄色，正在向我们游过来。"

明俏俏用到一个"游"字，说明她看到的物体是在动的，可是在这七八十度的高温海水里，有哪种动物能承受得了呢？那么只有一种可能，他们看到的物体并非海洋里的动物，而是跟他们一样是一艘船或潜艇一类的东西。难道是……

路浩天一边猜测着，一边努力地透过水蒸气向远处观望、寻找，这时才隐约看清确确实实有个黄色的三角形物体在向他们的潜艇靠近，距离大概不到100米。

"我们的潜艇成了聋子、瞎子了，莫阳这浑小子到现在还没有发现它，看来得立即告诉他！"巴特尔教授显然也看到了那个黄色的物体，说完立即转身向舰桥走去。

明俏俏说："它还在向我们靠近，天呐！会不会是一头鲨鱼？"

路小果答道："绝对不是！你什么时候见过黄色的鲨鱼？"

"会不会是独角鲸？我记得独角鲸有黄色的。"明俏俏又问。

"我倒觉得像一只黄色的棱皮龟，棱皮龟绝对有这么大的。"罗小闪猜测说。

路浩天打断小伙伴们叽叽喳喳的讨论声，说道："你们都不要猜了，这绝对不可能是鱼一类的动物。"

"为什么？"路小果显然对爸爸一口否定他们所有人的猜测感到不理解，带着不服气的口吻反问道。

路浩天说："因为我刚刚试过海水的温度，已经接近七八十度了，怎么可能有动物能经受得住这样的温度？这附近的海洋动物恐怕早就游到别处去了。"

路小果吃惊地长大了嘴巴："啊？这么热？难道海底火山真的要爆发了？"

路浩天点点头说："不是要爆发了，是已经在爆发了。"

"在哪儿呢？我怎么没有看到？"路小果左右巡视了一遍，问老爸。在她的印象中，只有岩浆像烟花一样，喷发到很高的空中才叫火山爆发，可是此刻她并没有看到空中有任何动静。

"傻丫头，你以为这海水是怎么热的？都是岩浆进入海水中，才加热了海水，有岩浆说明火山已经在爆发了，当巨大的蒸气压力一旦突然释放，便会冲出海面，喷发到高空，形成喷发式火山。"

路浩天说这些话的时候，那黄色的物体距离他们的潜艇只有50米左右了，罗小闪盯着那东西忽然想起他们之前追踪的"幽灵潜艇"，紧张兮兮地猜测道："这不会是我们之前一直追踪的'幽灵潜艇'吧？"

路浩天点头同意罗小闪的分析，说道："这个倒还真有可能。不过……"

路浩天说了半截，忽然被莫阳的喊声打断："老路！你们快上舰桥，甲板上有危险！"路浩天回头一看，莫阳正在舰桥里隔着舷窗向他们四人招手，他也正担心那黄色的物体会对他们带来危险，连忙拉着路小果三个向舰桥里冲去。

四人进了舰桥，莫阳正在用望远镜透过舷窗玻璃观察那黄色的物体，路小果问道："莫叔叔，那到底是什么东西？是我们追踪的那个'幽灵潜艇'吗？"

莫阳还没有回答，旁边的水兵也紧张地问道："艇长，对方距离我们已经不足20米了，怎么办？要不要发射鱼雷？"

"这么近发射鱼雷会造成两败俱伤，对方速度缓慢，似没有恶意，我们观察观察情况再说。"莫阳说完继续眼睛不离望远镜地观察那个黄色的物体。

路浩天在后面，心中暗自着急，正犹豫着要不要告诉莫阳海底火山马上要大爆发的消息，忽听罗小闪在旁边大叫："快看，那边海面上在冒烟！"

路浩天抬眼一看，立即大惊失色，叫道："不好！海底火山爆发了！"

莫阳用望远镜一看，见距离潜艇约5千米的海面上果然冒出百十米高的浓烟，并且那烟还在慢慢扩散，紧接着，红色的岩浆像一个巨大的烟花一样喷射向几百米的高空，场面极其壮观，看着触目惊心。

完了！一种巨大的恐惧感向路浩天心中袭来，他知道，要不了一分钟，就会有高温的熔岩和岩浆飞向他们的潜艇，届时这火山周围数百千米的一切生物都会被火山岩浆覆盖、消灭。

巴特尔教授不慌不忙地拍拍莫阳的肩膀，笑道："莫艇长，别看了，我们马上就会变成烧鸡，趁这个时间一起向这个世界道别吧！"

巴特尔话音刚落，大伙儿全都感觉潜艇猛地晃动了一下，紧接着，潜艇竟然慢慢地移动起来，运行的方向正是远离火山的方向。

"快看！"路小果指着潜艇头部那个黄色的物体大叫，"是它！是它在拉着我们走！"

大家都向潜艇头部看去，果然见那个黄色的物体不知道什么时候竟然悄悄地挨着潜艇了，那黄色的物体呈三角形，有两间房子这么大，表面光滑平坦，看不出什么端倪。"神龙号"潜艇在它的牵引下，越走越快，越走越快，短短的几秒钟速度至少提高到50节以上。

这忽然发生的一幕让大家都惊呆了，连身经百战的莫阳也愣愣地不知所措起来。罗小闪自言自语地说道："难道这就是我们追踪的那个'幽灵潜艇'？可是，它为什么要救我们呢？"

路小果问莫阳："莫叔叔，罗小闪怀疑这个东西就是我们一直追踪的'幽灵潜艇'，你觉得呢？而且这东西造型好奇怪，你见过这种潜艇吗？"

莫阳摇了摇头："据我所知，目前没有任何一个国家的潜艇做成三角形，如果这东西真是潜艇的话，我只能说它绝对不属于人类。"

罗小闪自言自语地接着说道："那就奇怪了，如果不是咱们人类的潜艇，到底是谁制造出这样的潜艇？"

"大家快看！那边有个火球飞过来了！"当大家的注意力都放在黄色物体上的时候，明悄悄忽然指着舷窗外面大叫。大家抬眼一看，果然见到一个巨大的火球，从几百米高的半空中呼啸着向"神龙号"的位置斜飞过来。那火球至少有一幢楼房这么大，估计有几百吨重，这要是砸在潜艇上，不把潜艇砸成废铁才怪。

眼看着火球就要落在潜艇上，说时迟那时快，大家忽然觉得一股巨大的惯性作用在自己身上，身体全都不由自主地向后倒去。原来是"神龙号"潜艇在骤然之间又提高了速度，向前猛蹿一截。那巨大的火球刹那间落在"神龙号"潜艇后不足50米的地方，威力就如一个重磅炸弹落在水里一样，溅起比五层楼还高的水柱。巨大的冲击力使得"神龙号"发生了一阵剧烈的晃动，所有人都站立不稳，摔倒在地。

要不是被大家认为是"幽灵潜艇"的这个家伙拖着"神龙号"瞬间提高航速，恐怕"神龙号"早成了一堆废铁，沉没海底了。莫阳估计此时"神龙号"的时速绝对在150节以上。这让莫阳有点不敢相信，因为世界上速度最快的潜艇——俄罗斯的阿尔法级核潜艇，也不过50节，这个黄色的物体拖带着"神龙号"居然还能达到如此高的速度，已经突破了目前人类科技的极限，简直不可思议。莫阳心想，难道这潜艇真的不属于人类？蹦出这样的想法，让莫阳自己都感觉有点荒唐，但事实摆在面前不容他质疑。

就在莫阳还在为"幽灵潜艇"遐想的时候，又有无数大小不等的熔岩坠落在"神龙号"周围，如一颗颗炮弹在海面上爆炸，此起彼伏，连绵不断，看着让人胆战心惊。

"幽灵潜艇"就这样拖着"神龙号"在熔岩溅起的水柱中左躲右闪，迂回穿行。10分钟后，"神龙号"基本脱离了海底火山的笼罩范围，可是"幽灵潜艇"依然在拉着"神龙号"飞快地航行，没有一点停下来的意思。

"终于得救了。"巴特尔教授神情轻松地说道，"你们说，这'幽灵潜艇'既然能救咱们，是不是说明它对咱们没有恶意呀？"

"我想，它即使是'幽灵'，也是一个善良的'幽灵'。"明俏俏眨眨眼睛看着大家说。也许在明俏俏的心里，所有的东西都有善恶之分，就连幽灵也有善良的和邪恶的，能救他们冲出鬼门关的，当然就是善良的"幽灵"了。

"可是，我们已经脱离了火山的范围，它为什么还不停下来，还要拖着我们走呢？"路小果有点担心地问。

"也许它知道我们的潜艇出故障了，想好事做到底，要把我们拖回江波海港吧！"罗小闪用调侃的语气说道。

"莫艇长，你对这事儿怎么看？"巴特尔教授扭头问莫阳。莫阳未加思索就答道："我现在基本上能肯定一点，对方的潜艇绝不可能是人类制造的！"

"老莫，你什么意思？不是人类制造的？不可能吧？难道是外星人？"路浩天用怀疑的口气反驳道。

"或许他们真的不是我们陆地上的人类！"莫阳再次肯定了自己的观点。

第十三章 无底洞

　　尽管大家都知道这"幽灵潜艇"处处透着古怪和神秘，但还是被莫阳的话吓了一跳，大家纷纷猜测着这个"幽灵潜艇"的来历。罗小闪忽然问莫阳："莫叔叔，会不会是某个发达国家秘密研制的超级潜艇？"

　　"不可能！"莫阳一口否定了罗小闪的话，"就目前人类的科技水平而言，绝对造不出这样的潜艇。"

　　莫阳的话再次给了大家一个肯定的暗示：驾驶"幽灵潜艇"的不是人类！不是人类又会是什么？外星人、鬼魅，还是海妖？抑或是一种海洋里从来没有被人类发现的超级生物？

　　就在大家各自在心里猜度着"幽灵潜艇"的来历的时候，"神龙号"又被拖着行驶了几十海里，海底火山已经完全看不见了，他们已经完完全全进入了安全海域。能在千钧一发的危急时刻在海底火山的魔掌下死里逃生，确实是一件很幸运的事，大伙儿都为自己能捡回一条命感到很高兴，尤其是三个小伙伴，兴奋地叽叽喳喳说笑个不停。

"咦？'幽灵潜艇'呢？'幽灵潜艇'到哪儿去了？"这时明俏俏忽然发现跑在"神龙号"前面的潜艇不见了，于是大喊起来。大家再看向潜艇的头部，果然不见了那个黄色的物体，它果真如幽灵一般，已经消失得无影无踪。

"也许他认为好事做完了，自己离开了吧！"罗小闪总是将事情往好处想，大概是明俏俏影响了他，连他也认为这是一个善良的"幽灵"了吧！

"不可能，它并没有离开，你没有发现我们'神龙号'的速度并没有慢下来吗？哎呀……不对……有点不对劲，我们的潜艇好像在下沉。"路小果指着潜艇的头部说。

大家都不约而同地看向甲板，只见甲板上海水正在一点一点地往上满，部分甲板已经浸入海水中。

"不好！'神龙号'在下潜！"莫阳忽然惊叫着提醒大家，"大家赶紧下到潜艇里去！舰桥关闭！Go!Go!Go!"

一群人在莫阳的指挥下，按序迅速进入潜艇内部，舱门刚关上海水就淹没了舰桥。潜艇内这时已经恢复到了常温状态，没有了先前热烘烘的感觉。

莫阳让人检查了一下引擎，故障依然无法排除。也就是说，从现在开始，如果没有"幽灵潜艇"拖着他们前行，"神龙号"只能漫无目的地漂流在大海上，再也无法回航。

可事实是，此刻，"幽灵潜艇"依然没有放手的意思，而且还把"神龙号"拖到了水下。它们是什么人？到底想干什么？莫阳眉头紧锁，没有想出一点应对的办法。此刻，"神龙号"潜艇明显已经成了对方砧板上的一块肉，只有任人宰割的份。无奈之下莫阳只好问水兵："我们现在深度多少？"

"报告艇长，目前深度150米，并且还在持续下沉。"

"持续下沉？"莫阳重复了一遍水兵的话，心里同时咯噔了一下，150米对于"神龙号"来说倒不是什么问题，关键在于"持续"二字。莫阳心里很清楚，国内目前常规动力潜艇的下潜深度在300~500米之间，"神龙号"下潜深度在400米左右，极限深度为600米。极限深度，亦称最大下潜深度，是潜艇艇体耐压强度所能允许的下潜深度的最大值，潜艇在此深度只能做有限次数的短时间逗留。此外，设计潜艇时计算艇体强度的深度，称为设计深度。通常为极限深度的1.3～1.5倍，以保证水中武器在潜艇附近爆炸或潜艇超越极限深度时，仍具有一定生存力。潜艇最大下潜深度，在第一次世界大战期间约为60至70米；第二次世界大战期间增至200米；战后，一般为300~400米，有的甚至达到900米以上。增大潜艇下潜深度的主要措施是采用高强度钢和钛合金等，以及新焊接技术和适合深潜的耐压结构形式等。

对于潜艇来说，每下潜一米，都是一次生死考验：如果潜艇经不住海水的巨大压力，就会像鸡蛋一样瞬间被压爆。

两分钟后，水兵忽然语无伦次地报告："艇……艇长，不好了，在旋转……在旋转，'神龙号'进入漩涡了，我们在高速旋转、快速下沉。"

"不要慌！"莫阳对着广播厉喝一声，说道，"目前速度是多少？"

"80……不……100……不！可能200节！"水兵结结巴巴地报告道。

"到底多少节？"莫阳对水兵的惊慌感到很愤怒，他以为肯定是手下看错了，平时只能跑四十几节的常规潜艇，速度怎么可能达到200节，这不是天方夜谭吗？

"艇长，又加快了！已经到了300节！"

"你脑子被海水淹了？"莫阳怒不可遏，"300节！都快赶上飞机的速度了，这不是扯吗？"

"艇长，确实是300，快爆表了，要不你来看看？"值班水兵语气中带着一半恐惧一半委屈，听着快要哭出来的样子。

"天呐！这是怎么回事？我们遇到了什么？"莫阳一脸的惊恐，完全没有了军人的沉着和冷静，他确实被吓坏了。

巴特尔教授这时却冷静地提醒莫阳："我认为我们的潜艇正处在一个高速旋转的漩涡之中。莫艇长，不要惊慌，你何不问问，我们现在的深度呢?"

听到巴特尔教授的提醒，莫阳方如梦初醒，对着广播问道："报告我们的深度!"

"报告艇长，目前深度一万零八百米。"水兵报告。

"什么?"莫阳一下子从指挥座椅上弹了起来，那神态比见到鬼还要吃惊。他知道"神龙号"的下潜深度最大不超过600米，怎么可能到达一万米的深度，如果真是这样，早就应该被海水压爆了。莫阳忽然大汗淋漓，一下子瘫倒在指挥座椅上。他打破脑袋也想不通到底发生了什么?

"报告艇长，现在已经到一万五千米了!"

……

"报告艇长，到两万米了!"

相隔不到5分钟，莫阳又连续接到了两次报告，每一次他都如听到惊雷一般。2012年6月27日，中国的"蛟龙"号载人潜艇开始7000米级深潜试验才到达水下7062.68米的深度，创造了目前世界上同类型潜水器的最高潜水纪录。对于"神龙号"潜艇来说，到达两万米的深度无异于一个天文数字。

巴特尔教授说了一句让人更加恐惧的话："看来我们不仅遇到了漩涡，好像还正在进入一个'海洋无底洞'之中。"

三个小伙伴并不知道"海洋无底洞"是什么意思，没有听说过，更没有见过，所以路小果一听巴特尔教授说出这个陌生的名词，就发问道："巴特尔教授，什么是'海洋无底洞'？"

巴特尔教授回答："所谓'海洋无底洞'又称'死海'或'海洋黑洞'。在无底洞所在的海域，发生过众多起神秘海难。比如在印度洋北部海域，有一个半径约三海里的'无底洞'，据说在这片海域有着异常的振动及电磁反应。2007年8月，装备有先进探测仪器的澳大利亚'哥伦布号'科学考察船专程到印度洋无底洞科考，探测发现，无底洞海域海水振动频率高且波长较短，而其周边附近海水则振动频率低且波长较长，由此推测'黑洞'可能存在着一个由中心向外辐射的巨大引力场，他们还在无底洞探测到29艘大型失事船只，平均每海里失事的大型船只高达4.5艘，假如以每艘海难船罹难30人计算，就有惊人的870人葬身'无底洞'。"

巴特尔教授的一番话说得大家心惊肉跳，三个小伙伴也对"海洋无底洞"有了一定的了解。

"啊？这么说，我们这次也难逃一劫了吗？"明俏俏战战兢兢地问道。

现场忽然安静下来，没有一个人回答明俏俏的问题，因为大家都是第一次碰到"海洋无底洞"，谁也不知道下一秒钟会发生什么情况。

过了一会儿，路浩天用一种较为温和的语气问莫阳："老莫，据我所知，像'神龙号'这种常规潜艇，下潜深度只有几百米，现在我们已经到了两万多米了，为什么潜艇还没事呢？"

"也许……也许是高速旋转的离心力抵消了海水的压力，才使得我们的'神龙号'得以平安吧。"莫阳含含糊糊地回答了路浩天的疑问。虽然莫阳的解释不足以令大家信服，但大家都知道，这神秘的大洋之中有很多现象是现代人类科学解释不了的，也许，这只是其中微乎其微的一个。

"'幽灵潜艇'呢？'幽灵潜艇'还在我们前面吗？"路小果这时忽然想起了一直拖着"神龙号"前进的"幽灵潜艇"，于是向大伙儿发问道。

"也许它把我们领到这里，自己早就被'无底洞'吓跑了吧？"明俏俏猜测道。

"我看不一定，或许它还在我们前面也说不定。"罗小闪也猜测说。

三个小伙伴正在分析着"幽灵潜艇"的下落，巴特尔教授忽然捂着额头说："我好像有点晕，你们……"

巴特尔教授大概是想问"你们晕不晕？"结果话未说完，突然就"咚"地倒下了。

第十四章 玻璃房子

大伙儿见巴特尔教授忽然倒地，都大吃了一惊。莫阳眼尖，刚想去扶巴特尔教授，却忽然觉得自己也有点晕，说话不及，就倒在地上，紧接着路浩天和三个小伙伴都相继晕倒在地，不用说，潜艇上的水兵们也难逃相同的命运。

此刻"神龙号"正位于一个巨大的海洋漩涡的中心，并以人类难以想象的速度在高度旋转着，回声探测仪上显示的海洋深度已经达到三万五千米。我们可以这样比喻，在这个海洋漩涡中，"神龙号"潜艇就像被龙卷风卷起的一片树叶，渺小得可以忽略不计，但对于潜艇里的十几个人来说，此刻却是生死攸关的时候，也是决定他们的命运的时候——一切都掌握在海洋手中。

不知过了多长时间，路小果首先醒了过来，她刚一睁眼，就被眼前的一切惊呆了：眼前的地上，横七竖八地躺着十几个人，有巴特尔教授、老爸、莫阳叔叔、明俏俏、罗小闪，还有七八位水兵叔叔。大家原本在"神龙号"潜艇不同的岗位，不同的舱室，这会儿全聚到了一个舱内。这是怎么回事呢？他们现在在哪儿？

路小果站起身来，四下环视了一下，才发现自己身处在一间三面透明的玻璃房子里，玻璃房子的四周边框上有很多明晃晃的像电灯一样的东西，向四周发射出很强的灯光。

尤其令她感到惊奇的是，在玻璃房子外面游动着各种各样的形状很奇怪的鱼类，这些都是她从来都没有见过的鱼类，它们五颜六色，造型奇特，有的像一个大皮球，有的像管状怪兽，有的像一把扁扁的扇子，还有的和家禽一样长着两只脚，在海底悠闲地散步；它们的面相也很奇怪，有的像蛇一样凶恶，有的像蜘蛛一样丑陋，还有的浑身透明如水晶一样……

往远处看，还有大片大片的各种各样的海草，有的甚至达到几十米长，它们柔软的身体紧贴海底，被波浪冲击得前后摇摆；还有一些长得像陆地上的树木一样，有四五米高，它们的根部特别发达，盘根错节，绕来缠去，千姿百态，煞是好看。

正当路小果看得入神的时候，又有第二个人醒了过来，是莫阳。他似乎还有点晕晕乎乎的，以为还在"神龙号"上呢，一睁眼就对眼前的水兵嚷道："赶快报告深度！"

路小果看着还在迷糊的莫阳叔叔，差点笑出声来，她伸手拍了拍莫阳的肩膀提醒说："莫叔叔，我们已经不在

'神龙号'潜艇上了。"

莫阳吃惊地坐起来揉揉眼睛，才发现周围环境已经完全变了。"这是在哪儿？"他问。

路小果耸耸肩，答道："莫叔叔，我真的不知道咱们在哪儿？也许……咱们是在太平洋海底的某一个地方吧，反正不会是在家里。"

路小果这句话说了其实等于没说，看着这景象估计傻瓜都猜到这是在太平洋的海底的某一个地方。除非用GPS定位仪才能知道他们的具体位置是什么地方，可是，先不说他们的GPS还留在"神龙号"上，即使现在有GPS，信号估计也穿透不到这么深的海底。

不到10分钟，躺着的十几个人都陆续醒了过来。他们都和路小果一样，对眼前的一切除了意外和惊奇之外，还有一丝惊恐。大家开始你一言、我一语地讨论着、猜测着他们目前的处境和位置。讨论了十多分钟，也没有一个结果。

罗小闪卸下背上的背包，忽然大声说道："嗨！大家静一静、静一静……大家有没有感觉到我们可能是被外星人劫持了？"

玻璃房子内顿时变得鸦雀无声，因为大家都不知道该怎么回答罗小闪的话。因为他们并没有见过外星人，也不知道被外星人劫持是什么样子。

"罗小闪，你怎么知道劫持我们的是外星人呢？"明俏俏问这话的意思显然是和罗小闪有着不同的想法。

"凭什么？你问问莫叔叔就知道了。"罗小闪一副胸有成竹的样子。

"为什么要问莫叔叔？"明俏俏奇怪地问。

"你让莫叔叔说，凭我们人类的科技水平，在海底建这样的玻璃房子可能吗？"罗小闪解释说。

罗小闪这样一说，大家的目光又都随着罗小闪的话移向了莫阳，似乎都希望莫阳能立即给大家一个明确的答案。可是莫阳偏偏没有回答，而是把目光看向一个水兵问了一句："你最后一次看回声探测仪，显示数据是多少？"

莫阳的答非所问让大家有点摸不着头脑，但是大家都知道回声探测仪是干什么用的，因为之前莫阳给大家介绍过。回声测深仪就是根据超声波能在均匀介质中匀速直线传播，遇不同介质面产生反射的原理设计的一种测量海底深度的仪器。一般的舰艇上面都有，它的工作原理是从声呐仪发出声信号，声信号遇到目标会反射回来，根据声信号往返所需的时间和速度，就可以计算出信号源与目标之间的距离，从而测出潜艇所处的深度。当然，探测海水深度并非只有这一种方法，还有很多种，但目前使用最普遍的就是这种方法。

"大约三……三万五千米。"水兵报出一个数据，似乎由于自己也难以相信，所以说话有点结巴。

"三……三万五？"莫阳用质疑的目光瞅着那个说话的水兵，继而又走到玻璃房子的墙壁跟前，用手仔细地抚摸了一下透明的墙体，这墙体玻璃在质感上和陆地上人类的玻璃也没有什么两样啊！怎么可能承受得住三万五千米的海水压力？

"莫艇长，你能否给我们解释一下，在三万五千米深的海底，物体承受多大的压力？"巴特尔教授对莫阳问道。看样子他并非故意要考一考莫阳的专业知识，而是有意要探讨一下人类在海底建玻璃房子的可能性。

"海水压力是指一定高度的海水柱给予其底部1平方厘米面积上的力，换句话说，即每增加水深10米，约增加一个大气压，三万五千米的话，也就是三千五百个大气压。更形象地说，就是在人指甲盖大小的面积上要承受3000千克以上的压力。像我们现在所处的玻璃房子这样的面积大概要承受一百万吨以上的压力，这相当于15艘航空母舰的重量。事实上，人类目前的科技水平还制作不了这样的金属潜艇或潜水器，更何况还是玻璃的？"

莫阳的话虽然没有明确回答罗小闪的问题，但也等于间接地肯定了罗小闪的观点：那就是人类绝对不可能做出这样的玻璃房子。

路小果却接着分析说："我看并不一定就是外星人建的，你说外星人大老远地跑到地球上来，不在陆地上住，

到这深海里面来干吗？你不要忘了，罗小闪，我们之前不是讨论过海底人的存在吗？我觉得是海底人建的可能性要更大一些。"

路小果忽然提到"海底人"这个词，让大家眼睛一亮，路浩天忽然自言自语地说："难道这海底真的存在着文明程度高于我们陆地人的生物？"

路浩天这句自言自语式的提问，实际上已经肯定了这个问题的答案；但是还有另一层意思就是，他自己也很难相信。确实令人难以相信，人类在陆地上生活了几十万年了，现在忽然从海底冒出来另一群人，而且比我们陆地人类的科技还要先进许多年，换了谁谁也难以接受。但如果说眼前的"玻璃房子"是人类自己建的，大家也觉得解释不通。

"我认为他们是来自外星的高智慧人类更可靠一些。他们可能在大洋深处建立了基地，并常常出没于海洋中。"巴特尔教授不能接受人类起源于海洋的假设，依然反对着海底人的说法，如果让他选择，他宁愿相信这是外星人干的。

"我也倾向于外星人的说法，如果说一群居住在海底的生物，科技水平竟然发展到比我们人类还先进，无论如何也让我难以接受。"莫阳忽然插话说。

路小果问莫阳："莫叔叔，你说你们之前发现的几次'不明国籍潜艇入侵我国领海'事件，会不会也是他们干的？"

莫阳点头答道："极有可能，从他们神出鬼没的特性和速度上来看，应该是他们无疑。"

路小果又问："如果确定是他们，他们的科技又高于人类，为什么他们没有攻击我们呢？难道他们几次骚扰我们只是为了窥探我们人类吗？"

明俏俏说："也许，他们和我们人类一样存在着好奇之心，我们在探索着海底，他们却在探索着陆地，想来窥视我们一番吧。"

"哈哈，不管怎样，我们现在都还好好地活着，这至少说明一个问题。说明他们对我们没有恶意，要是他们想要我们的命，我们还能活到现在吗？"巴特尔教授用非常乐观的语气说道。

巴特尔教授的话起到了很好的安抚作用，大家躁动的情绪顿时削减下来，想想也确实如此，对方既然能将他们从陷于海底漩涡中的"神龙号"中移动到这座玻璃房子里，肯定拥有非常强大的力量，或者说拥有非常高超的科技，所以，对方如果想要他们的命的话，简直不费吹灰之力。既然他们现在还安全地活着，说明对方并没有想要伤害他们。这样一分析，就存在着两种可能性：一种可能，对方是友好的；第二种可能，对方有什么阴谋诡计，故意没有伤害他们。这两种可能的结局完全相反。但无论是哪一种可能，他们现在都无力改变目前的局面，只能听天由命、任人宰割。

"大家看，这玻璃房子好像在移动！"一个水兵忽然指着外面的水草说。

大家向外一看，海底的水草果然在向一侧慢慢地移动着，若不是海底植物作参照物，还真不容易发现。

不过玻璃房子这一动，却带领路小果他们看到了一个奇妙的海底世界。

气泡王国

Qi pao wang guo

第十五章　海底世界

当大家全部发现玻璃房子在移动的时候，都纷纷议论起来。有个水兵说，这一定是外星人的海底牢房，它们在拉着我们游街示众呢；又有个水兵说，我看不一定，说不定是外星人在为我们举行欢迎仪式……

玻璃房子怎么会移动？莫阳心里打了一个问号，立即想起了他们一直追踪的那个"幽灵潜艇"和那个救他们离开火山区的黄色的三角形物体，再联想到眼前的玻璃房子，他忽然明白过来，这哪儿是什么玻璃房子？这悬浮在水中的分明就是他们一直在追踪的那艘"幽灵潜艇"，玻璃房子只是潜艇的一部分而已。

莫阳把他分析的结果告诉了大家，大伙儿立即又叽叽喳喳地议论起来。巴特尔教授好像什么事都没有放在心上，大家都在忧心忡忡的时候，他却对大家开着玩笑说："是个潜艇不是更好吗？我们正好借着这个机会来个免费海底一日游，还能欣赏风景，还不收费，小伙子们、小朋友们，千万不要错过欣赏风景啊，多难得的机会啊！"

"巴特尔教授，您说得挺轻巧，要是忽然过来一条鲨鱼可就惨了！"明俏俏对于安全问题总是很关心，她看着眼前玻璃做的透明墙壁，总感觉很悬，万一有凶猛的海兽冲过来，"咔嚓！"一下，玻璃一碎，大家不就全完了吗？

"不可能！"巴特尔教授立即否定明俏俏的想法，"这么深的海底，这么高的水压，怎么可能有大型海洋生物存在呢？"

"怎么不可能？喏，那里就有一只！"路小果忽然口气轻松地指着巴特尔教授的背后说。

大家都扭头向路小果手指的方向看去，巴特尔教授却以为路小果在跟他开玩笑，头也不回地笑道："路小果同学，你要是现在能弄出一条比鲨鱼还大的动物来，我就整个吞了。"

"说话可得算数啊，巴特尔教授！"路小果面带微笑地指着巴特尔教授的身后，"那好，现在，就请您把背后的那条大鱼吃了吧！"

大家都看着巴特尔教授哄堂大笑起来，巴特尔教授诧异地转过身子，他的眼前居然真的出现了一条鲨鱼，就在他的正前方不到30米的海水中，一只像座头鲸这么大的巨型怪鱼张着巨大的嘴巴向他们的玻璃房子游过来。这怪鱼形似蝰蛇鱼，面目极其丑陋，眼睛暴突，嘴巴巨大，锋利的牙齿突出在唇部以外。最恐怖的就是那一张巨嘴，估计将他们十几个人一口吞下也绰绰有余。

本来这怪鱼正在悠闲地游着，这会儿好像忽然发现了"幽灵潜艇"里面的众人，竟扭动着身子，向玻璃房子游过来。大家一见这恐怖怪鱼扑过来，虽然隔着一层玻璃墙壁，却都吓得情不自禁地尖叫着向后退去。

巴特尔教授沉着冷静地看着怪鱼向自己游过来，并无恐惧之色，但他想起自己刚刚说过的话，神色忽然变得极为尴尬，咳嗽了一下说道："唔……我并不是生物学家，对此并没有深入研究，所以出现大型生物也不意外！"

路浩天似乎有意为巴特尔教授找个台阶下，为巴特尔教授辩解道："现代科学研究一般认为远洋鱼类不能生活在8200米以下的深海区域。但有些深海鱼类为了适应环境，它的身体的生理机能已经发生了很大变化。比如它们的肌肉和骨骼，由于深海环境的巨大水压作用，变得非常薄；而且容易弯曲；肌肉组织变得特别柔韧，纤维组织变得出奇细密，它能使鱼体内的生理组织充满水分，保持体内外压力的平衡。这也是很多深海鱼类为什么在如此巨大的压力条件下，也不会被压扁的原因。"

在路浩天说话的时候，那怪鱼已经游到巴特尔教授的面前，与巴特尔教授只隔着一层玻璃，巴特尔教授面无惧色，就像知道那怪鱼不会将他怎么样一样，仍然面带微笑地看着眼前近在咫尺的怪鱼。大家都在为巴特尔教授捏把汗的时候，那怪鱼与巴特尔教授对视了片刻之后，居然掉头离开了，大伙儿这才将屏住的呼吸放开来。

明俏俏惊魂未定，心还在怦怦地跳个不停，她忍不住问道："巴特尔教授，您怎么这么沉得住气，您怎么知道那怪鱼不会袭击你？"

"我知道巴特尔教授为什么不害怕。"路小果还没等巴特尔教授回答，就笑着抢答道，"第一个原因是巴特尔教授很清楚这玻璃既然能经得住超高的海水压力，自然也经得住那鱼的撞击；第二个原因，是巴特尔教授更清楚，如果这玻璃房子经不住那怪鱼一咬，那么我们全都跑不了，他害怕也没有用。巴特尔教授，我说的对不对？"

巴特尔教授赞许地点点头答道："路小果果然聪明！我确实是这么想的。"

"可是，怪鱼明明是很凶恶的样子，为什么却没有袭击我们的玻璃房子呢？"明俏俏又问。

"我想，它一定是没有看见我们，就像我们的汽车贴了太阳膜以后，外边的人看不见里面，里面的人却可以清楚地看见外面的东西。刚才我们说了，这玻璃既然是比陆地人类更先进的智慧生物制作的，那么要达到太阳膜的效果绝非难事。"巴特尔教授答道。

"也或许，他们早已知道这玻璃是它们的牙齿嚼不烂的。"莫阳开着玩笑说道。

路浩天接着分析说："还有一种可能，就是这怪鱼根本就不是肉食鱼类，而是植食鱼类，所以对我们根本不感兴趣。就像陆地上的犀牛一样，长相虽然很凶恶，却只吃草。"

大家在讨论怪鱼的功夫，玻璃房子已经漂移了几千米，并进入一个新的环境。

"哇！路小果你看！这里还有大山和峡谷呢。"明俏俏忽然一手拉着路小果，一手指着前方兴奋地说。

果然，借着玻璃房子边框上的灯光，路小果发现他们正处在一个峡谷的谷底，两侧是陡峭的海山山崖的崖壁，崖壁上长着长短不一的水草和各种植物。

这海底峡谷和陆地上的深山峡谷别无二致，谷壁陡峻且带有阶梯状陡坎，有的谷底有小盆地及高差几十米的横脊，大多数峡谷蜿蜒带有分枝，谷壁上有大量岩石露头，少数为直线形轮廓，大多数峡谷都嵌在花岗岩层或玄武岩的岩层中。

这景象让路小果惊呆了，她只见过陆地上的高山和峡谷，怎么也想不到，在这几万米深的海底居然也有高山和峡谷，并且这峡谷的险峻程度绝不亚于陆地上的峡谷，它们多为直立，甚至垂悬的谷壁；谷壁常有沟槽或磨光面，宛如被机器所切割；谷底常覆盖大砾石或其他粗粒沉积，局部地方基岩裸露，可谓怪石嶙峋、奇峰兀立，水草飘飘，宛若仙境。

路小果情不自禁地叹道："哇！好壮观的峡谷！"

罗小闪接着叹道："我看这条海底峡谷绝不亚于我们去过的雅鲁藏布大峡谷。可惜我们没有带摄像机，这要是拍成一部纪录片，绝对能获得大奖。"

路小果说："罗小闪，只怕你连海底峡谷是怎么形成的都不知道，还想获什么大奖！你就做梦吧！"

"路叔叔，你知道海底峡谷是怎么形成的吗?"罗小闪这回学聪明了，立即向路浩天求助。

路浩天笑笑答道："这个说来相当复杂，我的一个海洋学家朋友告诉我说，海底峡谷的形成最主要的原因是海底浊流的长期侵蚀。海底浊流具有非常大的侵蚀性，它携带的砾石长期冲刷，导致出现沟壑、峡谷。海底峡谷的头部多延伸至陆坡上部或陆架上，有的甚至直逼海岸线，峡谷头部的平均水深约有一百米。多数峡谷可延伸至大陆坡麓部。其末端水深多在两千米左右，深者可达三千至四千米。峡谷谷口外通常是缓斜的海底扇。世界上著名的哈得孙峡谷，从哈得孙河口开始一直延伸进入大西洋。世界上最长的海底峡谷为白令峡谷，长四百多千米。海底峡谷两壁高陡，一般坡度约40度，有的谷壁状若悬崖。切割最深的海底峡谷是巴哈马峡谷，其谷壁高差达4400米，是陆上的大峡谷难以相比的。海底峡谷谷壁有许多不同时代的基岩露出。谷底沉积物有泥、粉砂、砂和砾石等。来自浅水的具递变层理的砂和粉砂层常与深海的泥质沉积物交错出现，有时也有滑塌沉积物穿插其间。

他们一路说着话，不知不觉间"幽灵潜艇"沿着谷底又走了大约一千米，大家眼前忽然冲出来一条身体扁平的，有一米多宽的鱼类，长相如皇带鱼差不多，只不过它的身子比皇带鱼还要长出许多，路小果估计了一下，大约有30多米长。它缓缓游过玻璃房子的边缘，整个看起来有如一条随风飘扬的白色带子。它对玻璃房子里面的人视而不见，好像玻璃房子是不存在的一样。

"巴特尔教授，您为什么不对这种奇怪的动物发表一下意见呢？"明俏俏见巴特尔教授一直站在那里不说话，奇怪地问。

"我是研究人类的，生物学不是我的专业，路浩天先生都没有发表意见，我怎么能多嘴呢？"巴特尔教授谦虚地说。

"路叔叔，这些鱼，您都认识吗？"明俏俏见巴特尔教授不愿发表意见，转过来又问路浩天。

路浩天答道："我记得前天罗小闪就说过，海洋里还有大约三分之一的物种没有被人类发现，我们现在看到的鱼类基本上都是未曾被发现的种类，所以我也不敢随便发表什么意见，作为一个生物学家，我必须对自己说过的话负责，巴特尔教授做得对，不知道的东西宁愿不说，也不能乱说。"

"我敢打赌，"巴特尔教授插话道，"这里的海洋生物弄到陆地上绝对可以轰动全世界，路浩天先生，你是研究生物的，为什么不用相机把它们拍下来呢？"

"可是我没有带相机呀！"

"哎呀！那真是可惜，"巴特尔教授说，"让我这个研究人类学的只能看着干着急。"

"别急，巴特尔教授，等会儿您一定会有用武之地。"有个水兵接话说。

"何以见得？"

"您不是研究人的人类学家吗？等会'邀请'我们到这里来的主人露面了，您可得好好研究研究。"

水兵的话并没有讽刺巴特尔教授的意思，但却引得大家哄然大笑起来。好在巴特尔教授是个幽默而又大度的人，他好像一点也没有放在心上。

第十六章 海马将军

　　玻璃房子就像一个悬空的观光缆车，载着十几个人在这海底峡谷里悠闲地慢慢向前移动。这一幕如果发生在陆地上也许不是什么稀罕事，但是在这幽深黑暗的大洋下面，确实让人感觉诡异至极、离奇至极。

　　还好，他们在一起的人并不算少，要是谁独自一人站在万丈深渊下的玻璃房子里，估计不被吓死也会被孤独折磨死。

　　人多不怕鬼。十几人说着笑着，好像真的将"幽灵潜艇"当成了载着他们的观光缆车，在海底峡谷又前行了几千米。在穿过一个半圆形的石洞以后，视野忽然变得开阔起来，准确地说，应该是变得亮堂起来，眼前明晃晃的似乎有无数个电灯在照耀着，却又看不到电灯在哪里。仔细一看，才发现光亮来自眼前的一个巨大的透明建筑物，这建筑物有几十米高，宽度不可估计，一眼望不到边，巨大的穹顶向远方延伸着，整体看来就像一个巨大的气泡。

为什么说像气泡呢？因为这个巨大的建筑物全部都是透明的。"幽灵潜艇"并没有因为有气泡的阻挡而停下来，居然直接穿过透明的气泡壁而过，壁不厚，只有几厘米。最奇怪的是，穿过这道薄壁之后，水忽然消失了。那道薄薄的透明气泡壁，就像一块透明的软玻璃，以此为界，一边是水，一边是地面。

大家惊奇地发现，气泡内的地面上有着和陆地上一样的土和石头，还有花草和茂密的树木。大伙儿对在这海底也能看到跟陆地一样的景物全都感到惊讶不已。

进入到气泡内的地面上以后，"幽灵潜艇"忽然停了下来，就像一辆汽车忽然刹住了刹车一样。接着玻璃房子就像一个巨大的蛤蜊壳，悄无声息地向上自动张开来，玻璃房子里面的十几个人就像被关在牢房里的犯人一样，猛然感觉到自由的可贵。大家陆续走了出来。他们都感觉如在梦中一样，对这个陌生的地方感到非常好奇。大家出了玻璃房子的第一件事，就是围着这个"幽灵潜艇"来回地看，恨不得立即拆开眼前这个散发着神秘气息的"幽灵"，看看这个救了他们，又载着他们到这神奇的地方来的"幽灵潜艇"到底长什么样？

转了一圈，大家才发现，这果然就是被他们称为"幽灵潜艇"的黄色家伙。整体呈三角形，一半是透明的，一半是金属的。金属的那一半不知道是什么金属制作的，竟如黄金一般，金灿灿闪着光。金黄色的那一半估计就是"幽灵潜艇"的指挥室，奇怪的是，竟然没有一个门，也就是说那一半的金属是光滑平坦的，没有一点有门的痕迹，可见制造这潜艇的技术是多么高明。

三个小伙伴好奇地围着黄色的潜艇转了一圈，均没有找到一丝缝隙。好奇的罗小闪伸手在黄色的金属上摸了一下，想体会一下是什么感觉。他的手指刚刚挨到潜艇，耳边忽然传来一阵轻微的声响，慢慢地，罗小闪摸过的地方居然裂开一条缝隙，几秒钟后缝隙越来越大，慢慢地打开了一个直径约一米的圆形舱门。舱门打开了，从里面走出来一高一矮两个长相有点离奇、恐怖的生物。它们长得几乎一模一样：脸像猴子，脖子比人长四五倍，眼睛像人但要大得多，它们的身体上长着厚厚的鳞片，手脚也好像人类一样有五根，但不同的是他们的手指和脚趾之间有宽大的蹼相连，就像鸭子的脚掌一样。

天呐！这不是外星人吗？果然被大家猜中了，看来驾驶这个潜艇的就是外星人。

这俩"怪人"一出现，着实把大伙儿吓了一跳，大家都不由自主聚在一起向后退去，尤其是胆小的明俏俏，一溜烟地躲到了人群的最后面。

两个"怪人"似乎看透了众人的心思，并没有再向大家走过来，高个子"怪人"眼睛眨了几下，忽然说话了："欢迎你们，陆地上的朋友！"

"天呐！他为什么会说我们的语言？"听到这个"怪人"说出人类的语言，路小果忍不住惊呼起来。

"你们到底是什么人啊？不是我们地球上的人类吧？"人群中一个水兵忽然插话问道。

水兵的话音刚落，在大伙儿的面前立即出现了一个淡蓝色的、立体的透明电子屏幕，大概相当于人类"三维全息投影"一类的技术，非常神奇，并且在上面出现了一行汉字："欢迎大家来到海底气泡王国！"

天呐！它们竟然还知道我们人类的文字！这下，大家感到更加惊愕了，都怔怔地看着两个"怪人"，不知所措。

莫阳仍然不忘记跟巴特尔教授开玩笑，他拍拍巴特尔教授的肩膀，喃喃说道："巴特尔教授，您是人类学家，发挥您的专业特长的时候到了！"

此时巴特尔教授的大脑还没有转过弯来，他没有想到大洋底下真的存在着高等智慧生物，看来那些关于海底人的传说是真的了。他硬着头皮走上前一步，问道："喂！请问你们是什么人？为什么会知道我们的文字？"

矮个"怪人"手舞足蹈地哼哼了几声，答道："我们是地地道道的地球人，和你们陆地人类同宗同源，你们就称我们为'海底人'吧！其实，我们'海底人'研究你们

陆地人类很多年了，破译你们的文字也不足为奇。"

"海底人"的科技真是先进，不仅会说人类的语言，而且不用任何工具，用意念就能控制屏幕，写出自己想说的文字，确实非人类所能比拟。巴特尔教授想到这里，又问道："你们居住在这海底有多少年了？"

高个怪人回答："我们在这里已经几十万年了。"

罗小闪的好奇心早就在痒痒了，他越过众人，上前问道："你们会伤害我们吗？你们为什么把我们劫持到这里来？"

"小朋友，你的话好像有点问题，我们并没有劫持你们，我们请你们来到地下王国是想让你们来帮我们一个忙，我们的国王……"

高个"海底人"话未说完，忽然听到远处传来一阵轰隆隆的声响，像是打雷的声音，又像是鞭炮爆炸的声音。声音很响，仿佛就在前面不远处，大伙儿均被这声音吓了一跳，正诧异的时候，忽然远处跑来一个身材稍胖一些的"海底人"，对高个"海底人"表情紧张地叽里咕噜说了一阵，高个"海底人"带着命令的语气说道："我们陆地人类的客人在这里，海马将军请说人类的语言吧！"

大家这才知道，原来这胖"海底人"是气泡王国的将军，名叫海马，只见海马将军立即变换为人类的语言，说道："报告国王大使者，我们的军队忽然遭到叛军的大肆进攻，对方的火力很猛，我们的部分国土已经失守，他们的'小气泡'王国地盘正在逐步扩大。下一步如何行动？请国王使者定夺。"

大家这才明白，高个"海底人"原来是气泡王国的国王使者，他是国王大使者，那么，矮个的那个一定是国王小使者了。

国王大使者听了海马将军的话像是大吃了一惊，刚要挥手发布命令，手却被海马将军一把捉住，动弹不得，矮个国王小使者正要上前救援，却听海马将军大喝一声，说道："别动！小使者，你要是再动一下，大使者就会没命了。"

这突如其来的变故让大家目瞪口呆，大伙儿都不明白这气泡王国发生了什么变故。刚刚还对大使者毕恭毕敬的海马将军，为什么又忽然制服大使者变成他的敌人？

小使者站在海马将军跟前不敢再动弹，嘴里却厉声喝道："海马将军，你好大的胆子，竟敢背叛国王陛下，你可知道这是死罪？"

"哈哈……"海马将军大笑几声，答道，"本将军就背叛了，又怎么样？"

"海马将军。"小使者一声大喝，"你不要得意得太早了，我们现在还有陆地的朋友帮忙，就凭你一个人，能打得过我们这么多人吗？"

"嘿嘿！"海马将军忽然狡黠地一笑，说道，"小使者，你也不要忘了，章鱼博士曾经赠送给我一些他发明的隐形药水，你以为我会笨到一个人来抓你们吗？哈哈……
兄弟们，都现身出来吧！"

　　海马将军话音一落，在他们的周围忽然出现了数十个
穿着鳄鱼皮一样盔甲的士兵，每个士兵的手里都拿着一把
黑色的冲锋枪一样的武器，但却比陆地人使用的冲锋枪要
小巧很多。

　　大伙儿全都吓了一跳，原来在他们的四周早已经布满
了会隐形的海马将军的士兵，看来这海底人的科技果然发
达，连隐形术都有了。

　　到这个时候，大家也已经逐渐弄明白了，原来这海
马将军假装报告军情，带领会隐形的手下，忽然抓住气泡
王国的大使者。但眼前的局势错综复杂，大伙儿作为局外
人，全都不知该怎么办才好，只能静观局势的发展。

　　路小果失望地说："原以为海底是片宁静祥和的世界，
原来也有战乱，看来地球上真是难得寻找到一片净土。"

　　"而且，奇怪的是我们一进到气泡王国就碰到他们的
内乱，真是倒霉透了。"罗小闪也不紧不慢地接了一句。

　　明俏俏胆小，担心路小果和罗小闪说话会惹恼了海马
将军，小声提醒他们俩说："你们两个能不能别说话，你
们以为这是逛大街呀？"

　　明俏俏话音刚落，海马将军果然命令手下说："把这
群陆地人和大使者全部抓起来，小使者，你可以回去给国

王报信了。"

明俏俏瞪了罗小闪和路小果一眼，意思是说，怎么样？我说的没错吧？海马将军发怒了吧？

罗小闪也翻了明俏俏一个白眼，那意思是，海马将军抓我们根本就跟我们说话没有关系，我们即使不说话，只怕海马将军也照样要抓我们。

海马将军话音一落，几十个海底士兵就一拥而上，用手里一种不知道什么材料做成的绳子将路浩天一行及大使者的双手分别绑了起来。大家惧怕士兵手中的武器，都不敢反抗。只有莫阳，在陆地上身为一个高级指挥官，哪里受过这种奇耻大辱？军人的火爆脾气立即让他暴跳起来，他一边挣扎着一边大吼："海马将军，士可杀不可辱，好歹我也是一个带兵打仗的人，你这样绑着我们，是什么意思？还不如把我们杀了算了！"

罗小闪见状胆子也大了起来，跟着叫道："莫叔叔说得对，海马将军，我们是你们国王请来的客人，你们打你们的仗，关我们什么事？为什么要把我们抓起来？"

第十七章 犯人和阶下囚

海马将军走到罗小闪的面前，冷笑一声，说道："你们是国王请来的客人不假，可我现在已经与国王势不两立，所以你们现在就是我们的敌人，明白了吗？"

"海马将军。"巴特尔教授忽然发话了，他态度和蔼地说道，"你们既然懂得我们陆地人类的语言，想必也知道我们陆地人的礼节，先不说我们是你们国王请来的客人，就凭我们是刚刚到达气泡王国，我们并没有参与你们的国事和政事，也没有说要帮助国王陛下这一点上，你这样子对待我们是不是太不人道了？"

"那是你们陆地人的礼节，不是我们海底人的礼节，我们这样对待你们已经够客气的了。"海马将军说着，又对士兵们挥了挥手："除了小使者，把它们全部都带走！"

士兵们立即两人一组押解着大伙儿向远离"幽灵潜艇"的地方走去。小使者悻悻地瞪了海马将军一眼，转身去找海底国王报信去了。

　　海马将军和士兵们押解着众人走了大约一个小时，便进入一片地形复杂的山地之中，大家的眼前全是丘陵和郁郁葱葱的森林。

　　越过一片森林之后，他们又来到一个山谷之中，山谷里雾气弥漫，生长着各种怪异的植物，有大如蒲扇的树叶，还有长满红刺的果实；还不时见到各种各样陆地上没有见过的飞禽走兽：有的明明像一只青蛙，却长着一对透明的翅膀；有的外形看着明明是一只鸟，却长着四条腿在树林里穿行……奇特的动物、古怪的植物让大家仿佛穿行在一个奇幻的动画王国里。

　　大家被海底士兵押解着，跟着海马士兵在山谷里穿行了大约三四个小时，才来到一个山洞之中，山洞呈拱形，宽有十来米，高有三米多。刚进去的时候，里面很黑，海马将军打了一个手势之后，灯光忽然亮了起来，把整个山洞照得一片通明。

　　罗小闪走着走着忽然大叫起来："路叔叔，你看这洞壁上有画呢！"

　　大伙儿都抬头向山洞两侧的洞壁上看去，只见两侧洞壁上画着各种形状和造型的动物，几乎全部是大家没有见过的。

　　巴特尔教授看着这些眼花缭乱的壁画，眼中露出诧异之色，口中"咦"了一声，慢慢靠近洞壁。此时，路浩天却是另一番表情，他的眼中释放出异样的光芒，表情说不出是吃惊、激动，还是兴奋，嘴里惊呼道："我的上帝！这……这是什么？你们看看画上是什么？"

"怎么了？路教授。"莫阳对这些艺术一窍不通，更看不出这上面画的是什么东西，看到路浩天异样的表情，很是好奇。

"天呐！大家快来看，这是……这是鱼龙，这是三叶虫……蛇颈龙，还有利兹鱼、巨齿鲨、龙王鲸、滑齿龙、沧龙、邓氏鱼……"路浩天一边顺着山洞向前走，嘴里一边激动地念叨着。

"老爸，你看到这画上的动物为什么这么激动啊？"路小果不解地问道。她的确搞不懂老爸，自己都做了俘虏了，怎么还能激动得起来？

路浩天并未理会女儿的提问，只顾盯着壁画上的各种动物，看得舍不得挪动脚步了。押解的海底士兵有点不耐烦了，大声吆喝着，要大家赶快赶路。

"嘿嘿！"巴特尔教授笑了两声，一边走一边对路小果说道，"我们得恭喜你老爸了，这些可都是陆地上见不到的东西，绝对是震惊全球的惊人发现。"

"什么发现？"

"这壁画上画的都是一些灭绝了很久很久的史前海洋动物啊！"巴特尔教授答道。

"那又说明什么呢？"路小果还是有点不明白，"它们都已经灭绝了，看到了画像又能怎么样？"

"你想想啊，这些动物有的比恐龙出现得还要早，比如鱼龙吧，它们生活在中生代时期，最早出现于约2.45亿年前，比恐龙稍微早一点，约9000万年前消失，比恐龙灭绝早约2500万年。而它们的画像居然出现在海底的一个山洞里，你知道这意味着什么吗？"

"难道这说明人类出现比鱼龙还早吗？"罗小闪插了一句。

"什么乱七八糟的？罗小闪同学，你的生物学就是这样学的吗？"巴特尔教授带着责备的口气说道。

罗小闪脸红红的，嘟囔道："我又不是生物学家，我怎么会知道，您有话就直说好了！"

路浩天说道："只是可惜这些只是壁画而不是化石，如果是化石就好了。尽管只是壁画，对于我们研究生命的起源和地球历史上生命演化的过程也有很重大的意义。"

巴特尔教授接着说："很明显，这些壁画是海底人画上去的，这说明海底人类进化成智慧生物的时间明显要先于陆地人类……"

"巴特尔教授，我记得您是一直是支持达尔文的进化论的，怎么，您现在反过来支持'人类起源于海洋'的学说了吗？"路小果忽然问道。

巴特尔教授愣了一下，说："这个……我只相信证据，很明显，我们眼前出现了很多关于'人类起源于海洋'的证据，这虽然让我有点无法接受，但……"

路浩天忽然打断巴特尔教授的话说："人类还没有发明时光机器，能够带我们回到过去，去见证历史的发展。我们陆地人类现在所能做的，仅仅是对残存的化石证据进行研究，同时结合地质、气候等因素去综合分析，来构建和重演历史。但就我们眼前所见到的一切，足以说明海底人的文明要比我们陆地人类的文明早一些。"

"这么说，路教授现在也已经同意'人类起源于海洋'的论点了？"巴特尔教授反问道。

路浩天答道："我们现在正被气泡王国的海底人押解着，不就是一个很好的证据吗？"

一个海底士兵忽然呵斥道："你们不要再说话了，赶快走！"

走了几百米后，壁画忽然消失，人群安静下来，只有巴特尔教授还在抱怨着海马将军的种种不是。

又走了几百米，忽然听到海马将军大喊一声："到了！"

接着，海马将军又对几个海底士兵说："你们几个把大使者押到我的住处，其他人就在这里待着，不准说话，不准乱跑，不准……"

"海马将军，你准备把我们关多长时间啊？"人群中一个水兵忽然大着胆子打断海马将军的话问道。大家都把目光看向海马将军，等待着他的回答。

"气泡王国的国王什么时候投降了，我们就会放了你们。"海马将军回答道。说完，海马将军就独自向山洞外走去。人群顿时骚动起来，大家显然对海马将军的回答不满，纷纷叫嚷着、指责着海马将军。

"那我们吃饭怎么办？有没有吃的，我们现在就饿了。"人群中又一个水兵问道。

"吃饭不是问题，到时候自然会有士兵给你们送饭过来。"一个海底士兵答道。

"那有没有酒啊？"问这话的是巴特尔教授，他的酒虫早就钻进胃里，痒痒的不得了了。

"酒是什么东西？"一个海底士兵忽然问道。

巴特尔教授叹息一声说道："一听这问话就知道没戏了，这海底人科技虽然很发达，但他们却不懂得享受生活，连酒都没有，真是遗憾呐！"

路小果打趣地笑道："巴特尔教授，都什么时候了，您还想着喝酒？海马将军能让我们吃饱肚子就不错了。"

巴特尔教授摇摇头说道："小朋友家的知道什么？越是在危难之中，越要喝酒，酒能解忧愁，酒能壮英雄胆，给我半斤酒，我定能将海马将军打得落花流水。"

　　大伙儿都被巴特尔教授的乐观和幽默逗乐了，忽然听到"咣当"一声，一个四四方方的金属栅栏从大家的头顶上落了下来，正好罩在路浩天一行人的四周，把他们和海底士兵分隔开来，海底士兵们陆续离开，只剩下最后两个还在他们跟前看着。

　　"这下好了！"巴特尔教授自嘲地说道，"刚刚还是俘虏，现在又变成阶下囚了。"

　　大家见海底士兵居然把自己圈入一个牢笼之中，纷纷叫嚷起来。莫阳的火爆脾气又上来了，他用脚使劲地踹着金属栅栏，一边踹一边大叫："该死的海底人，你们怎么能这么对待我们？快打开笼子！快打开！"

　　最后的两个海底士兵用大伙儿听不懂的海底语言叽里咕噜地说着什么，一边说一边还不时地看看大家。巴特尔教授叫道："嗨！我说两位海底的兄弟，你们能不能说我们的语言啊？"

　　两位海底士兵果然听从了巴特尔教授的话，说了汉语，不过却是很难听的话："你们都给我老实点，别想着逃跑，否则，我们就对你们不客气了！"

　　两个海底士兵嘴里说着话的时候，还相互对望了一眼，然后神秘地笑了一下，就也离开了。只剩下金属笼子里的一群陆地人类，可怜兮兮地如一群待宰的羔羊。

　　等海底士兵走远了，巴特尔教授忽然大声说道：

"嗨！我说大家都想想办法，我们不能在这里坐以待毙呀！"

　　"能有什么办法？我们手被捆着，外边还有牢笼，恐怕插翅也难飞出去呀！"人群中一个水兵接话说道。

　　路小果也接着说道："巴特尔教授，您没有听海马将军说吗？他要等气泡王国的国王投降了才肯放我们。"

　　"如果国王不投降呢？我们总不能困死在这里呀？"巴特尔教授说。

　　大伙儿吵闹了一会儿，渐渐平息下来，都坐在地上不再说话。巴特尔教授却是个闲不住的人，他见大家都拿不出一个好主意，便对路小果说："喂，路小果，你这小丫头不是很聪明吗？这会儿怎么不说话了？快给大家出出主意呀！"

　　路小果一副很郁闷的样子说道："巴特尔教授，您这不是赶鸭子上架吗？就目前这情况，我能有什么办法？除非先把我们手上的绳子解开，我们才能想下一步的办法。"

　　"这个难啊！"莫阳忽然发话说，"我们没有刀，又没有打火机，怎么能弄断绳子呢？"

　　"这个并不难呀！"罗小闪忽然答道。

　　"你有办法？"莫阳忽然两眼放光，看着罗小闪问道。

第十八章 出逃

　　"我背包里有一个工具刀，还有一个防风打火机，你们只要能把这两样东西帮我取出来，咱们不就有办法弄断绳子了吗？"

　　直到罗小闪说着话时，大家才发现罗小闪的背上居然还背着一个背包。他在"神龙号"潜艇上就一直背着背包，这会儿居然将背包带到了海底气泡王国。看来正是这个背包不离身的好习惯让大家看到了逃出去的希望，但也只是希望，大家的手都被绑着，如何取出背包里的东西也是个问题。

　　这对于一般人的确是个不小的问题，但对于艇长莫阳来说就不算问题了。他一听说罗小闪的背包里有刀和打火机，像是一个溺水者抓到了最后的一根救命稻草，欣喜若狂。他首先用嘴将罗小闪背上背包的拉链打开，然后背过身来，用捆着的双手伸进罗小闪的背包里，不一会儿就摸出一把工具刀来。

有了刀就好办了，莫阳先用嘴咬着刀割断自己手腕上的绳子。不过这海底人的绳子不知道是用什么材料做的，很结实，莫阳费了半天工夫才割断。接着他又一一割断所有人手腕上的绳子。在一片欢呼声中，大家暂时获得了小小的自由。接下来就是解决逃出金属笼子的问题了。

"那么，下一步该怎么办呢？"巴特尔教授又问罗小闪。

罗小闪挠挠头说："下一步……下一步……我还没有想好呢！"

"谁还有更好的办法？"巴特尔教授对着人群喊了一声。

路小果忽然从人群里站出来答道："我有个办法倒是可以试一试。"

"哈！我就知道我们的路小果同学最聪明了，快说，什么办法？"巴特尔教授迫不及待地问。

路小果想到罗小闪的爸爸罗峰曾用一件T恤打开了铁笼，突然来了灵感，于是不紧不慢地说道："我们可以把这些绳子收集到一起，编成一根更粗的绳子，然后将编成的粗绳子拴在两根相邻的金属栅栏上，然后再用力绞动粗绳子，一直绞到使两根栅栏弯曲，弯曲到我们的身体能够钻出去，不就可以逃走了吗？"

路小果的话使大伙儿的眼前一亮，巴特尔教授大笑道："哈！我们的路小果同学果然聪明，这真是个好办法，莫艇长，这个任务就交给你了！"

莫阳大喜道："好咧！你们就瞧好吧！"

莫阳说完，大家一起动手，先帮忙收集所有的绳子，然后将收集来的绳子编成一根比手臂还要粗的粗绳，最后将粗绳子捆在两根金属栅栏上，由莫阳和几个水兵帮忙，一起用力地绞动绳子，使其变成一根麻花的形状。

其实这个办法在很多电影里都出现过，一般牢狱里的犯人越狱时，大多会使用这个办法。路小果脑子转得快，比大家都早一步想到这个办法。

莫阳毕竟是军人出身，力气挺大，再加上两个水兵的帮忙，两根栅栏很快就弯曲得如弓箭一般。当莫阳感觉栅栏弯曲的空间足够大，一般的身材都能钻出去时，他才停了下来。

接下来，在莫阳的指挥下，大家按照先小后大的顺序陆续钻出了金属笼子。临到巴特尔教授往外钻时，出现了一点小意外，由于他的身子过胖，结果卡在两根栅栏之间怎么也出不来。气得他嗷嗷叫着，边叫边骂莫阳："莫阳你个臭小子，为什么不把这缝隙再弄大点？哎哟，挤死我了……"

大家见状连忙齐上前，一起用力将巴特尔教授硬拽了出来，疼得巴特尔教授直咧嘴，但总算从笼子里钻出来了。路小果笑道："巴特尔教授，我看您应该减肥了，您要早减肥哪有这事儿呀？"

"小丫头！你在挤对我是不是？一会儿让我戒烟，一会儿又让我减肥，还让不让我活了？"

巴特尔教授的话逗得大家立即哄堂大笑起来。

一行人出了笼子，不敢停留，立即向山洞外奔逃。快到山洞口处，大家远远看见两个海底士兵正靠在山洞上打盹，路浩天小声提醒大家说："大家都放轻脚步，不要说话，屏住呼吸，悄悄地走过去，千万不要惊动他们。"

大家纷纷点头，表示知晓。然后由莫阳和罗小闪带头走在前面，其他人跟在后面。两个海底士兵一直在熟睡中，就当大家快要全部走出山洞时，偏偏又是巴特尔教授出了意外。

巴特尔教授走过海底士兵跟前时，忽然忍不住放了一个屁，一下子惊醒了海底士兵。海底士兵立即大叫着示警，大伙儿只好加快脚步纷纷向洞外奔逃。

奇怪的是两个海底士兵并没有立即用手中的武器攻击他们，而是等所有的海底士兵聚齐了以后才开始追击。但这时候，路浩天一行人已经跑出很远了。

莫阳一边奔跑一边责怪巴特尔教授："巴特尔教授，不是让您屏住呼吸不要出声吗？您为什么不听呢？"

巴特尔教授怒道："我忍住呼吸了，可是放屁那叫呼吸吗？谁忍得住呀！"

"海底士兵快追上来了，巴特尔教授，您惹的祸，您自己搞定啊！"莫阳故意调侃说。

巴特尔教授惊慌地回头一看，十余个海底士兵果然追了上来，离他们已经不足百米了。他遂对前面众人喊道："路教授！莫阳臭小子，咱们得分头跑啊，不然又会被一网打尽啊！"

路浩天抬头看看前面已经快到森林，遂接话说："巴特尔教授说得对，我们得分头逃，不然很快就会被追上的。"

莫阳闻言对几个水兵命令道："你们跟路教授一组，向右跑，一定要保护好路教授；我跟巴特尔教授还有三个小朋友一组，我们向左跑。"

"不行！我要跟老爸一起。"路小果忽然反对道。

莫阳忽然故意将脸色一沉，大声说："大家一定要听我命令，不听我命令的，被海底士兵抓了我可不管啊，我们分头进入密林，以我口哨为暗号，再寻找机会汇合。"

莫阳一贯的军人风格，说话铿锵有力，路小果不敢再说话，只好跟着莫阳向左边的树林奔去。路浩天与七八个水兵们则向右侧的树林钻去。

海底的森林果然奇怪，树木并不高，却生得很茂密，树干弯弯曲曲，枝叶奇形怪状。莫阳带着大家狂奔了一阵，却仍然听到身后隐隐传来海底士兵的叫喊声。五人不敢停留，只往林深叶茂的地方钻。

慢慢地，海底士兵的喊声听不到了，巴特尔教授说：“莫阳臭小子，还不歇息一下吗？我快累死了！”

莫阳见确定甩掉了海底士兵，才停住脚步，喘着气说：“好了，我们大家歇息一会儿。”

大家这才停下来，弓着身大口喘着粗气。明俏俏边喘气边问莫阳：“莫叔叔，海底士兵手中明明有武器，为什么不对我们开枪呢？”

“一定是他们想要节约子弹吧！因为他们没有把握打中我们。”罗小闪抢先回答道。

巴特尔教授猜测着说道：“我看是他们不想置我们于死地，因为我们并不是他们的敌人。”

路小果却说道：“我看不是这样的，他们好像要什么阴谋故意放我们走似的。”

莫阳挥挥手说：“管他是什么原因，我们能逃出来就行，难道你们还希望他们再抓我们回去吗？”

“当然不希望了！”路小果回答说，“可是莫叔叔，我老爸跟我们走散了，我们怎么才能找到他们呀？”

“放心吧！只要我们能逃到气泡王国的国王那里，自然会有办法见面的。”莫阳胸有成竹地回答道。

莫阳话音刚落，忽然就听到眼前的树林里传来一阵窸窸窣窣的声音。莫阳立即警觉起来，手里早已握着工具刀，站到了大家的前面，并上前两步大喝一声：“谁？出来！”

可是莫阳的声音落了，树林里又不见动静了，大家又屏气观察了一会，仍不见有任何动静。就在大家起身准备继续前进的时候，忽然从树丛里窜出一条形似巨蟒的怪物。怪物粗如鳄鱼，浑身长满鳞片，与巨蟒不同的是，这动物的身躯呈绿色，眼睛像火一样的红，上排的两颗犬齿凸出，头上有两只角，看着就像中国传说中龙的形状。

莫阳见树林里忽然冒出来这样一只怪兽，慌忙护着身后的四人暴退几步，口中同时大叫："大家快后退！"

身后四人闻言，连忙向后退了十几步，只剩下莫阳还手握罗小闪的工具刀与怪物对峙着，这怪物似乎也没有见过陆地人类，翘着头，怔怔地瞪着五人，并不进攻。

明俏俏战战兢兢地说："妈呀！这……这不是龙吗？"

罗小闪接话说："这怪物还真的像传说中的龙，怪不得我们陆地的传说中有龙王和龙宫了，原来海底真的有龙啊！"

罗小闪正说着，却见怪物的嘴里忽然冒出一股浓烟。路小果忽然对大家示警叫道："大家快跑，这怪物要喷火了。"

果然，路小果话音刚落，就见这似龙的怪兽嘴里忽然喷出一团火焰，直向莫阳的面门射来。莫阳大惊，连忙闪身就地一滚，躲过怪物的火焰攻击。

"哇！原来是喷火龙啊！"

　　"喷火龙不是陆地上传说的动物吗？怎么海底也有喷火龙啊？"

　　"喷火龙这么厉害，我们还是赶紧逃吧！"

　　三个小伙伴对这喷火的怪兽议论纷纷，眼看着莫阳身陷危险之中，却一时又不知所措。罗小闪对身旁的巴特尔教授喊道："巴特尔教授，您为什么不对这会喷火的怪物发表一点意见呢？"

　　巴特尔教授无奈地摇摇头说："我是人类学家，又不是生物学家，这可不是我研究的范畴！"

　　"谁让您研究它了，您就说说这海底为什么会出现会喷火的怪物吧？"罗小闪没好气地说道。

　　"好吧，那我就发表一点看法。"巴特尔教授不慌不忙地说，"我们知道，要想形成火焰的一个必备条件就是拥有可燃气体或液体，作为奇特的生物，也许火龙可以在体内合成并储存这种可燃气体或液体，并在喷出时能轻易引燃。事实上，许多动物在遭遇威胁或者激动时会产生各种令人讨厌的液体，比如说臭鼬和臭虫。火龙的体内也许存在一个类似'燃烧室'的结构，其中的酶会促使化学反应产生大量的可燃气体或液体，从而在进攻的时候将其喷射出体外。"

第十九章 勇斗喷火龙

"巴特尔教授，我还有点不明白，他们燃烧的火源又是哪儿来的呢？难道他们体内有一个像打火机一样的点火器官吗？"路小果不解地问。

"那我就不知道了，但我知道与空气接触即发生自燃的物质并不少见，比如有机溶剂乙醚就是。当火龙将自己体内产生的这些合成物喷射到空中后，氧气以及静电就会引燃它，从而形成烈焰。而这些液体平时都被紧紧束缚在火龙体内的液囊中，就好像蛇类的毒腺一样，强劲的肌肉运动使其可以被喷射出很远，而且在喷射过程中就可以产生黄色的火焰。"

"巴特尔教授，我们是不是就没有办法对付喷火龙了？"罗小闪接着问道。

"我又没有跟喷火龙打过仗，我怎么知道？"巴特尔教授无奈地回答。看样子，巴特尔教授确实不知道该怎样对付喷火龙。

就在他们说话的时候，那喷火龙已经跟莫阳斗了好几个回合，再一击落空之后，又往前走了两步，露出两只好似鳄鱼的粗爪子来。它忽然昂头大吼一声，震得四周的树叶都颤抖起来。吼过之后，再次张嘴对莫阳发动了第二次攻击。大家忽见一团火焰第二次从喷火龙的口中喷射而出，莫阳这次没有在地上打滚，而是跃到身边的一棵树上，再次躲过了喷火龙的袭击。

此时，莫阳身在树上，仍然不忘提醒身后四人："你们怎么还不走，快走啊！"

罗小闪大声回答道："我们不走，我们要等你打败喷火龙再一起走！"

莫阳一边在心里骂着罗小闪几个是笨蛋，一边又对罗小闪的话生出一丝感动。心想：这小子还算有情有义，看来自己必须打败这喷火怪物了，不然怎么对得起他们四人与我同生共死的这份情义？

莫阳这样想着，心中的斗志陡然增强几倍，只见他腾挪闪避、跳跃进攻，一时间跟喷火龙打得难分难舍。

这边罗小闪急得直挠头，又怕喷火龙的火焰会烧着自己，不敢近前，只能在远处大喊："莫叔叔，要不要我上去帮忙？"

莫阳又好气又好笑，一边躲闪这喷火龙的攻击，一边答道："你还是省省吧！上来别给我帮倒忙就行！"

"不行，我要给你帮忙打喷火龙！"

罗小闪说着居然真的走上前去，不过他的手中却多了一样东西，是他在背包里取出的一个手持求救信号弹。他开启信号弹的引信，将信号弹对准喷火龙，一阵浓烟过后，信号弹里冲出一团火球直飞喷火龙。

喷火龙在海底从来没有见过这玩意，更没有想到对方也会喷火，而且还是一个火球，顿时吓呆了，闭着眼睛竟不知闪避。信号弹的火球射到喷火龙的身上炸开来，但喷火龙皮糙肉厚，信号弹好像并没有对它造成什么伤害。

但莫阳却抓住了这个难得的机会，只见他身子从树上一跃而下，借助树枝的弹力，直飞喷火龙的背上。然后莫阳两手紧抓喷火龙的两只角，双腿夹紧喷火龙的颈部。

这喷火龙无论如何也没有想到，自己就在一闭眼的瞬间竟被对手抢占先机，骑到自己背上。等它发觉莫阳到了自己身上时，已经晚了，任凭它怎么摇动身子，莫阳就像长在它身上一样，再也甩不脱了。

喷火龙开始发怒了，它跳跃着四肢、甩动着尾巴，嘴里同时向前喷出一团团火焰，就像一头烈马想要摆脱一个企图降服它的主人一样。但这些都没有用，莫阳就像磁铁一样，紧紧粘在它的背上。

一番折腾之后，喷火龙终于无力再动，趴在地上大口大口地喘着粗气。但这时莫阳却不想饶了这怪兽，他怕它缓过劲来，再袭击他们几个，右手举起工具刀，就要刺向喷火龙的前额。

三个小伙伴见莫阳要手刃喷火龙，都忍不住惊呼起来，巴特尔教授忽然大喝一声："住手！"

莫阳闻声抬起头，诧异地看着巴特尔教授，问道："怎么了？"

"不要伤害它！"巴特尔教授回答说。

"莫叔叔，请你不要伤害它，放了它吧！"路小果也对这怪兽心生怜悯。

"为什么要放了它？"莫阳不解地问。

巴特尔教授答道："野兽之所以称为野兽，就是因为它没有人类的心智，它们也许并非有意要伤害我们，攻击对手只是它们的本能，如果我们人类占据优势就对其他生物赶尽杀绝、嗜血杀生，那跟野兽又有什么区别呢？"

"放了它，它要是再来攻击我们呢？"莫阳担心地问。

"野兽也通人性，放心吧，它应该不会再伤害我们了。"巴特尔教授说。

莫阳这才放开手，收起刀，从喷火龙身上跳了下来。那喷火龙喘息了一阵之后，并未像巴特尔教授估计的那样遁入山林，反而低吼着慢慢地爬向五人站立的地方。

这让莫阳大吃一惊，心想，糟糕！这怪兽似乎并不通人性，看来自己不该听从舅舅的建议，心慈手软放了它。

莫阳握刀正要上前时，却又被巴特尔教授叫住了："臭小子，等等，我观察它的眼神，好像并没有恶意。"

"等你知道它有恶意的时候就晚了！"莫阳手举工具刀，一边做防守状，一边不满地抱怨道。

"不！莫叔叔，我看出来了，它是在向我们示好呢！"路小果忽然指着喷火龙叫起来。

果然，喷火龙嘴里哼哼着，匍匐着身子爬到五人跟前。路小果见状大着胆子用手在它的背上摸了一下。喷火龙低吼了一声，并没有太大的反应，好像一只温驯的小猫一样，趴在那里一动不动。罗小闪和明俏俏见状也上前摸了喷火龙的背几下，每摸一次，喷火龙就会低吼一声，好像在向他们几个传达着什么信息一样。

"什么意思，这是？"对于刚刚还在你死我活地拼斗着的敌人，这会儿又趴在自己跟前不动了，莫阳有点丈二和尚摸不着头脑。

"哈哈！我知道了！"路小果忽然惊喜地大喊起来，"喷火龙一定是想让我们骑在它的背上。"

"不会吧？"罗小闪不太相信地挠挠头。

路小果见大家不相信自己，大着胆子跨到喷火龙的背上，喷火龙果然没有丝毫反抗的意思。罗小闪和明俏俏见状也大着胆子跨到喷火龙的背上，喷火龙这才又低吼一声，缓缓站起身来。

三个小伙伴见喷火龙果然不再反抗，还愿意他们骑在它身上，都开心地欢呼起来。

巴特尔教授对目瞪口呆的莫阳笑道："怎么样？臭小子，我没有说错吧？看来这喷火龙跟野马的性子一样，对于驯服它的人是不会再反抗的，而且还会认其为主人。"

"可是，明明是我驯服它的呀！"莫阳说。

"你不愿骑它，它就只当三个小家伙是你了。"巴特尔教授笑着说道。

"你也上来呀，巴特尔教授！"路小果对巴特尔教授喊道。巴特尔教授摆摆手说："我可不敢骑这玩意，万一要是摔下来，我这老骨头可受不了！"

"那我们走吧！有了这头怪兽，这回我们就不怕那些海底士兵了！"

莫阳说着带头向密林深处走去，喷火龙驮着三个兴高采烈的小伙伴缓缓跟在后面。

"走喽！"罗小闪欢呼一声。

巴特尔教授跟在后面故意装作气呼呼地说道："你们三个舒服了，可苦了我这个老头子了！"

罗小闪在喷火龙的背上笑道："巴特尔教授，是您自己不愿意上来，可不能怪我们，您就当锻炼身体了吧！"

五人和喷火龙一起在森林又走了半个小时，却发现这森林越来越茂密，各种奇花异草让人目不暇接，各种珍禽异兽在眼前乱窜。路小果问巴特尔教授说："巴特尔教授，你说要是海底士兵看见我们骑在喷火龙身上会怎么样？"

"这个嘛，他们一定……"

巴特尔教授刚说了几个字，莫阳忽然打断他的话说："不用猜了，海底士兵已经追上来了。"

大家回头向后看去，果然发现后面不远处的树林里传来叽里咕噜的说话声、吆喝声。喷火龙听见身后的声音也停下脚步，回头观望。

巴特尔教授问莫阳道："莫艇长，我们还要不要跑啊？"

"不用了，我们有了喷火龙还怕他们干什么？"

莫阳话音刚落，七八个海底士兵就从树林里钻了出来，当他们看到眼前不仅原来的五人一个不少，还多了一头怪物，而且三个小伙伴居然骑在怪物的背上，他们惊得眼珠子差点掉下来。海底士兵们一定见过这喷火龙，知道喷火龙的威力，手里虽然抱着武器，却并不敢向前一步，只在远处叽里咕噜地说着什么。

罗小闪在龙背上笑道："他们一定是害怕喷火龙，所以才畏缩着不敢向前。"

路小果笑道："那我们就让喷火龙冲过去吓吓他们，怎么样？"

"好啊！好啊！太好玩了！"明俏俏开心地叫起来。

于是，路小果手指着海底士兵的方向，拍了一下喷火龙的脊背，说道："喷火龙，冲过去，把那几个海底士兵赶走！"

喷火龙好像听懂了路小果的话似的，立即撒开四足向海底士兵冲了过去。海底士兵果然害怕喷火龙，见三个小伙伴骑着喷火龙冲过来，顾不得招呼同伙，吓得纷纷抱头鼠窜。喷火龙追了几十米，便被路小果喝止了。

看着海底士兵奔逃时狼狈的样子，三个小伙伴忍不住哈哈大笑起来。巴特尔教授说："看来这气泡王国的海底人科技虽然发达，却也不是无所不能，也有他们害怕的东西。要是我们将喷火龙带到海底国王面前，国王用喷火龙冲锋陷阵，一定会将海马将军打得落花流水！"

路小果在龙背上接话说："巴特尔教授，您这个主意好，可惜我们只有一只喷火龙，要是喷火龙能招呼它的同类都来帮忙就好了。"

莫阳说："算了吧！这是人家的家务事，我们最好不要干涉人家的内政，我们只是来到海底的一群游客，能安全地从海底回家就是我目前最大的愿望。"

五人一边说笑，一边又跟喷火龙一起继续赶路。

不一会儿，他们又来到一片没有树木的地方，虽然没有树木，地上的灌木却长得很高，其间还夹杂着很多不知名字的奇花异草。

忽然，喷火龙停足不前，并发出一种焦急的低吼声，并且四足开始慢慢后退。

第二十章 诡异"海带"

　　路小果感觉有点奇怪，她联想到陆地动物遇到危险时的样子，忽然大悟：喷火龙一定是察觉前面有危险，在向他们示警。她随即大叫道："莫叔叔、巴特尔教授，停止前进，前面好像有危险。"

　　走在前面的莫阳也忽然听到一种异常的声音，好像蛇类爬过时发出的声响，再加上路小果的提醒，让他预感到前面一定潜藏着什么危险的东西。

　　他正要抬足后退的时候，却发现已经来不及了。他感觉到自己的脚好像被什么东西缠住了一样，无法抬起来。突如其来的感觉让莫阳大吃一惊，他低头一看，不禁魂飞魄散，原来自己的双腿已经被一种绿色的，宽如海带的植物紧紧缠住，脱身不得。并且那植物像蛇一样向他的大腿和腰部盘绕、伸展。

　　巴特尔教授在后面也看到了这一幕，他也一样惊愕不已，正要后退，却听到身后也传来"嗤嗤"的声音，他回头一看，正有一条"海带"一样的怪异植物向自己的双脚爬过来，他立即大叫着跳起来，无奈那双脚总要落地，等他脚一落地，怪异的"海带"就迅速地缠住他的双脚。

这一幕全被喷火龙背上的三个小伙伴看在眼里，他们也全被这诡异的一幕惊呆了，在龙背上不知所措。喷火龙也像是怕极了这种怪异的植物，还在慢慢退却。

"罗小闪、路小果，怎么办？你们俩快想想办法呀！"明俏俏吓得快要哭出声来了，完全乱了方寸，只能求助她的两个好朋友。

"我们下去救他们！"

罗小闪说着就要跳下龙背，却听莫阳大叫道："别下来，你们对付不了这东西。"

罗小闪听莫阳一喊，再看这怪异的"海带"确实厉害，也不敢再下去了，急得直挠头。眼看着怪异的植物已经缠到莫阳和巴特尔教授的腰部，这时，路小果忽然大喊一声："喷火龙，快过去喷火烧它们！"

喷火龙听到路小果的喊声，犹豫了一下，便上前几步仰头大吼了一声，对着莫阳和巴特尔教授附近的地下喷出了一团黄色的火焰。

地上的植物立即"轰"了一下燃烧起来，火势延伸到莫阳和巴特尔教授的身边，很快引燃了脚下的怪异"海带"。"海带"一样的怪异植物果然怕火，很快怕疼一样地从莫阳和巴特尔教授身上退了下来，缩回草丛中。

　　莫阳和巴特尔教授脱开身来，避开火势转身就要往喷火龙身边靠拢。三个小伙伴见喷火龙击退了"海带"，正自高兴呢，却又听莫阳惊呼道："不好！"

　　三个小伙伴心想，怪异植物都烧跑了，怎么还不好呢？一看莫阳和巴特尔教授看着喷火龙的眼神不太对，三人低头一看，才发现竟有十余条怪异植物已经缠绕住喷火龙的四足。

　　这一下三个小伙伴都慌了，他们没有想到这怪异植物这么厉害，居然连喷火龙也被它缠住了。

　　莫阳和巴特尔教授见喷火龙和三个小伙伴身陷危险之中，心急如焚，立即就要上前来营救，可是他们俩除了莫阳手中有一把工具刀之外，没有其他任何武器。莫阳顾不得许多，一连几个跳跃，来到喷火龙跟前，想用手中的工具刀去砍断眼前的一根怪异"海带"，却不料那"海带"又反过来缠向他自己，莫阳吓了一跳，连忙后退几步，以防再次被这怪异植物缠住双脚。

　　莫阳没招了，巴特尔教授更不敢近前。二人眼看着喷火龙的四足就要全部被怪异"海带"缠住，心中又急又怕，却无可奈何。

　　这时，骑在喷火龙的背上的三个小伙伴，也是惊惶万状，手足无措，很快，三人就陷入一片恐惧的尖叫声中。

正在这危急的关头，五人耳中突然传来一阵"噗噗噗"的声音，几道绿色的光柱径直射向怪异"海带"，紧接着，眼前的怪异"海带"全部一段一段地碎裂开来，没有碎裂的怪异"海带"如怕疼一般地缩回草丛中，很快就消失不见。大伙儿正诧异着是谁救了他们时，忽然听到远处传来一个海底人的口音："陆地上的朋友们，不要怕！我们来救你们来了。"

大家均感觉这声音有些耳熟，抬头一看，原来是小使者带着五个配武器的海底士兵过来救他们来了。大伙儿一看小使者过来了，都喜出望外，真是比见到亲人还要激动。

巴特尔教授惊魂未定地说："小使者，你要是再来晚一步，我们可就见不到你们了！"

小使者说："你们是国王请来的尊贵客人，让你们受到如此惊吓，我感到十分抱歉。"小使者说着将目光移到三个小伙伴骑着的喷火龙上，惊奇地问道："这是怎么回事？你们是怎么驯服这头野兽的？"

"小使者，你是说喷火龙吗？"巴特尔教授答道，"哈哈，我告诉你，这野兽可凶了，会喷火，开始的时候，它与我们为敌，结果三两下就被我们的莫艇长制服了。这玩意跟我们陆地上的野马一样，谁征服它，它就会认谁为主人，所以我们三个小伙伴就骑上它了。"

小使者笑道："哈，原来是这样啊！你们可真够幸运，我们海底的士兵都没有人能征服这猛兽，没想到被你们陆地人类给征服了。莫艇长真是好样的！不过我们称呼这猛兽为'火灵兽'，而不是什么喷火龙。"

莫阳谦虚地笑道："也碰巧有罗小闪小朋友的帮忙，凭我一人之力是无论如何也做不到的，只是没有想到这火灵兽还是个重情义的兽类。"

"莫艇长，您说这野兽'重情义'是什么意思？"小使者不解地问。

"哦，是这样的，我制服了这野兽，并没有伤害它，所以，它可能为了报答我们，才成为我们的坐骑。"莫阳答道。

"你们制服了它，却没有伤害它，这让我感到很意外，在我的印象里，陆地人类一向以武力征服对方为荣，以屠杀、嗜血为快，你们为什么不一样呢？"

"现在时代不同了，小使者。"巴特尔教授答道，"陆地人类虽然还有一部分生活在野蛮的状态里，但大部分人已经回归文明社会，用武力解决问题的现象越来越少了。"

小使者点点头，又问了一句："对了，你们应该不止这些人，还有其他人到哪里去了？还有，我们的大使者呢？"

路小果抢着答道："小使者先生，我们自从被海马将军抓走以后，就被带到一个山洞里，海马将军把我们关进一个铁笼子里后，就把大使者单独带走了，所以我们并不知道大使者的下落。而我们后来自己想办法逃出金属笼子以后，为了分散海底士兵的兵力，又跟我老爸还有水兵叔叔们分散开来，所以，除了我们五个，其他人的下落，我们一概不知。"

"原来是这样啊！"小使者点点头说，"那你们知道他们走的是哪个方向吗？"

"是与我们相反的方向！"路小果回答。

"那好，我们现在就去找他们，等找到他们，我们再去海马将军的军营里营救大使者。你们看怎么样？"

莫阳接话答道："我们对这里人生地不熟的，你是这里的主人，你说了算，我们就跟着你走了。"

"等等！"巴特尔教授忽然用怀疑的眼神看着小使者问道，"小使者，你们就来五个人？就这样去营救大使者吗？"

小使者看着巴特尔教授疑惑的表情，笑着解释道："当然不是了！我们只是提前过来侦察敌情的，我们的大队人马在后面呢！"

"那还差不多！"

"那行，我们现在就出发。"小使者说着又对五个海底士兵说道，"你们几个在前面开路，有情况立即报告！"

五个士兵点头称是，小使者这才领着大家向另一个方向迂回前进。小使者带领他们走的方向既不是原路返回，也不是相垂直的方向，而是一个与他们原来的方向有着大概45度夹角的方向。路小果有点不解，问小使者："为什么我们不原路返回去追我老爸他们呢？"

小使者解释说："我们如果原路返回的话，估计永远也追不上，因为他们不可能一直向着一个方向走，最终肯定也会拐到我们所在的这个方向，所以我们应该迎头堵截，才能更快地找到他们。"

路上，巴特尔教授又问："小使者，海马将军为什么要背叛国王？难道说还有一个人也想当国王吗？"

"是的！"小使者点点头答道，"这件事说来话长，我们气泡王国的国王，有一个亲弟弟，他也一直蠢蠢欲动，想当国王，但是他的能力不行，没有人服他，于是他在山中建立了一个小气泡，自立为王，后来又把海马将军拉拢过去了。现在，他们的地盘正在逐渐扩展，势力范围越来越大。"

"那你们的国王为什么不早点剿灭他？而要任由他逐步壮大呢？"巴特尔教授问道。

"我们的国王是一位仁慈的国王，他对这件事一直保持着克制的态度，主要还是不想伤了兄弟和气，一忍再忍，但是没有想到他的弟弟得寸进尺，竟然公开背叛他。"小使者的口气中充满着不平与愤怒，可以看出，他对目前的国王还是相当满意的。

"可是，你们真的有把握打赢海马将军他们吗？"莫阳有点怀疑地问道。

　　"国王的弟弟不得人心，我们一定能打得赢。"小使者目光坚定地回答。

　　"小使者先生，我有个问题想问你，这件事非要动用武力吗？为什么不用和平的方式解决问题？要知道，一旦有了战争，就会死伤很多无辜的生命。"路小果骑在火灵兽的背上忽然插话说。

　　"你一定是路小果小朋友了，你说得很对，我们一直想和平解决，但是国王的弟弟很顽固，根本不听，我们也是被逼得没有办法了才武力相向。"小使者说道。

　　"小使者先生……"

　　"小使者先生，你是怎么知道路小果的名字的？"罗小闪忽然抢过路小果的话头，有点惊讶地问。

　　"罗小闪，你真讨厌！干吗跟我抢'台词'呢？"路小果气鼓鼓抱怨着。

　　"不好意思，我实在忍不住了，就这一次，下次保证不再抢你'台词'了！"罗小闪嬉皮笑脸地解释说。

　　小使者看着两个小伙伴为了向他问问题而争执起来，劝道："你们两个不要着急，慢慢来，一个一个地问，放心，我一定全部回答你们。我先回答罗小闪的问题，我不仅知道路小果的名字，你们的名字，你们所有人的名字我全都知道。"

"哇！好厉害！我们并没有告诉你啊，你们是怎么知道的？"

"这个，我可不能告诉你，这是我们的机密，等你们的文明发展到这一步，自然会明白的。"小使者有所保留地答道。

第二十一章 峡谷奇遇

"小使者先生，我记得之前你说，国王请我们来，是想请我们帮一个忙，我不明白的是，你们的科技这么发达，为什么还要我们帮忙呢？有什么事是我们能解决而你们却解决不了的呢？"路小果终于有机会问出了自己想问的问题。

"噢，是这样的，我们气泡王国一直想与陆地人类交好，又怕引起你们陆地人类的恐慌与误会，所以几次派遣我们潜入你们的海域进行试探，但都被你们的军队当成了敌人，所以这次我们故意引诱你们到达深海，然后再让你们到达我们气泡王国，见识一下我们气泡王国的风土人情，没有想到你们一到气泡王国就碰到了我们的内战，真是抱歉之极。"

"噢！我知道了。"路小果恍然大悟地说道，"你们的国王是想以我们为媒介，在海底和陆地之间建立一座沟通的桥梁，是这样吗？小使者先生。"

小使者点点头说道："还是路小果聪明，我想我们国王就是这个意思。"

明俏俏这时忽然插嘴问道："小使者先生，可我还是有点不明白，你们的科技这么发达，为什么我们在你们气泡王国却没有看到工厂呢？你们的东西都是在哪儿制造出来的？"

"我们当然也有自己的工厂，但并不在地面上，而是在地下，有机会我带你们去参观参观我们的各类工厂，让你们开阔一下眼界。"

"噢！太好了，我一定要看看你们的工厂是怎么制作出那么先进的东西的。"明俏俏开心地大叫道。

"好啊，随时欢迎！"

"小使者，我们是不是该加快速度了？"巴特尔教授见三个小伙伴问个没玩，忽然提醒小使者说。

"是的，我们该加快速度了，等我们找到路教授一行人，还有我们的大使者，我再好好带你们看一看我们的地下工厂。"

就在大家开心地谈笑的时候，忽然传来一个海底士兵的报告声："报告小使者，前面到了一处峡谷，我们必须翻越这条峡谷，才能继续前进。"

小使者挥挥手说："带领客人们下到峡谷，继续前进。"

海底士兵得令转身继续开路，小使者带领大家不一会儿就来到峡谷的边缘。峡谷很深，向下望去有一种眩晕的感觉，明俏俏只看了一眼就连忙闭上了眼睛。

罗小闪说："明俏俏，你这个胆小鬼，这有什么好怕的？"

明俏俏不满地说："我恐高你不知道吗？"

"什么恐高啊，你就是胆小！"罗小闪不依不饶。

"罗小闪你胆大是吗？有本事你从这里飞下去，我就服你。"明俏俏不服地还击道。

明俏俏话音刚落，忽然感觉耳边生风，呼呼作响。再一看，她的脚下已是万丈深渊，火灵兽正以令人恐惧的姿势直往悬崖下坠去。这突如其来的变故让众人大惊失色，措手不及，人群中立刻响起了一片惊呼之声。悬崖上面是莫阳、巴特尔教授和小使者在惊叫，火灵兽背上，三个小伙伴也在不停地尖叫。

巴特尔教授怎么都不明白，这火灵兽好端端地为什么会坠崖？难道跟人类一样，想不通了要自杀吗？

此刻，火灵兽的背上，罗小闪正在埋怨明俏俏呢，伴随着耳边呼呼的风声，他说："明俏俏，都怪你！你非要说什么'飞下去'，这下好了，火灵兽听懂了，真的飞下去了！"

路小果纠正说："罗小闪，这是'飞'吗？这是'坠'，看吧！我们马上就要跟火灵兽一起粉身碎骨了。"

"怎么能怨我呢？我说让你飞下去，又没有让火灵兽飞下去！"明俏俏对罗小闪的埋怨一点都不服。

"一定是火灵兽误会你的意思了，明俏俏你这个乌鸦嘴，跟你在一起真是倒霉！"罗小闪继续在发着牢骚。

"你们俩都别吵了，我们马上就要死了，还吵什么吵呀？"路小果忽然喊了一句，罗小闪和明俏俏的争吵声立即停了下来，不禁忧伤起来。

罗小闪不再埋怨明俏俏，却又开始埋怨火灵兽了，他拍着火灵兽的脊背说："你这笨龙，你没有翅膀干吗要逞能啊？这下可好，我们都要一命呜呼了！"

"谁说火灵兽没有翅膀，你们看这是什么？"路小果指着火灵兽的身体两侧说。

罗小闪和明俏俏一看，火灵兽的身体两侧不知道什么时候奇迹般地冒出一对巨大的翅膀，正呼呼地扇动着。随着翅膀的扇动，他们下坠的势头越来越慢，渐渐地趋于平稳。

罗小闪摸摸还在剧烈跳动的心脏，心有余悸地说："妈呀，吓死我了！我还以为就要死了呢！"

"哈哈！"路小果笑了两声说，"天不怕地不怕的罗小闪竟然也怕死吗？"

罗小闪答道："我不是怕死，只是怕客死在这异域他乡，多孤独啊！"

明俏俏插话问道："路小果，你什么时候看见火灵兽长出翅膀来的？"

路小果答："我哪儿知道啊？我看见的时候，它的翅膀已经伸出来了！"

明俏俏拍拍火灵兽的脊背，笑骂道："这臭火灵兽，好讨厌，明明就是在故意逗我们玩嘛！"

罗小闪接话说："这样也好啊，多好玩、多刺激呀！"

明俏俏怒目圆睁地看着罗小闪说："好玩吗？差点没把人吓死还好玩？"说完又拍拍火灵兽的脊背说："喂！火灵兽，我希望这种玩笑以后不要开了，你要是再吓唬我们的话，我们可就不理你了。"

明俏俏话刚说完，火灵兽忽然抬头振翅，直冲云霄（可惜没有云），三个小伙伴吓得紧紧抱着火灵兽，不敢松手。

明俏俏脸色煞白，带着快要哭出来的腔调说道："火灵兽，你怎么不听话啊？不是让你不要吓我们吗？"

罗小闪用责备的口吻说："明俏俏，求求你不要再说了，火灵兽好像被你激怒了，再这样下去，我们可真要摔死了！"

"你们两个笨蛋，火灵兽这是在跟我们玩耍呢！看我的。"路小果说完，对火灵兽命令道，"火灵兽，快！再来一个俯冲！"

火灵兽似乎很快就明白了路小果的意图，立即头向下倾斜，来了一个大俯冲。这种腾云驾雾般的感觉让三个小伙伴兴奋不已，不住惊声尖叫。

再说莫阳与巴特尔教授在谷顶悬崖边看到火灵兽直坠悬崖，都慌作一团，不知道该怎么办才好。尤其是莫阳，一颗心也随着火灵兽直坠谷底，暗想，这下完了，都怪自己轻信了巴特尔教授的话，任凭三个小伙伴骑乘火灵兽，哪知这火灵兽这么不靠谱，居然摔下悬崖，只怕三个小伙伴性命难保，这可怎么办？如何向同学兼好友路浩天交代？此刻，他恨不得摔下悬崖的是自己。

巴特尔教授跟莫阳心情差不多，也陷入深深的自责之中，他正在暗自悲伤的时候，忽然听到小使者大叫道："看！火灵兽飞起来了，他们没事！"

莫阳和巴特尔教授听到小使者的叫声，吃惊地抬起头，见那火灵兽居然长出了一对翅膀，正在天空盘旋、翱翔，两人当即欢喜得不能自已，尤其是巴特尔教授，惊喜得眼泪都出来了。等他擦干眼角的泪水再看那火灵兽时，火灵兽已经飞到眼前，三个小伙伴正在龙背上向他们招手呢！再一眨眼，火灵兽已经拍拍翅膀落在大家的面前。

巴特尔教授又气又喜，走上前拍拍火灵兽的脊背说："我说伙计，你在搞什么把戏？难道想吓死我们吗？"

火灵兽拍拍翅膀，昂头吼叫了一声，路小果忽然明白了火灵兽的意思，从它的背上跳下来说道："俏俏、小闪，快下来吧，火灵兽在催促我们下来呢！"

罗小闪和明俏俏听路小果这么一说，虽然有点摸不着头脑，但还是听从了路小果的话，也从火灵兽的背上跳了下来。罗小闪不解地问："它……让我们下来是什么意思？"

明俏俏接话说道："大概是它飞累了吧！"

路小果摇摇头说："我看不像，你们看它的目光，分明写着不舍和留恋，我想，它是要走了！"

大家正为路小果的话感到迷惑不解时，却见火灵兽回头低吼了一声，张开巨翅，真的向高空飞去，大家这才相信了路小果的话，火灵兽果然是要走了。

火灵兽展开一双巨翅在大家的头顶上盘旋了两圈，鸣叫了两声，径直向他们身后的山林里飞去，很快就不见了身影。

巴特尔教授抬头仰望着火灵兽飞走的方向，自言自语地说："嘿！这怪物是什么意思啊？难道刚刚故意坠崖，又驮着你们飞几圈就是它的告别仪式吗？"

小使者接过巴特尔教授的话说道："我看是的，这峡谷一定是火灵兽的领地界限，可能是他们不能越界的缘故，所以就飞走了。"

莫阳说："火灵兽驮着三个小伙伴走了这么远，也够意思了！你们三个是不是还没有坐过瘾啊？"

莫阳的最后一句是问三个小伙伴，罗小闪挠挠头笑道："过瘾是过瘾了，不过，要是把火灵兽带回陆地上不是更好玩吗？"

明俏俏笑道："还是算了吧，火灵兽要是到了陆地还不把人吓死？"

大家又谈论了一会儿跟火灵兽有关的话题，便在小使者及五个海底士兵的带领下，向山谷下走去。

气泡王国出现峡谷本来已经是奇事，更为奇特的是这峡谷竟和陆地上的峡谷并不一样，陆地上的峡谷一般是上大下小，谷底常有一条河流，而他们眼前的峡谷居然是顶上狭窄，谷底开阔，到了谷底，并未见到水流，却到处可见盘根错节的古树，古树树干笔直，粗得吓人，直径有10米以上，高达百丈，枝叶葱茏、云雾缭绕，置身其中，宛若异境。小使者介绍说，这些古树的树龄大部分已达十万年以上，把大伙惊得目瞪口呆。

在陆地上，一棵树的树龄达到千年以上已经非常珍贵了，活到万年以上几乎是不可能的。可是看这些峡谷中的古树，似乎正值青壮年期，没有一点要枯萎的意思，真是太不可思议了。

穿过古树林，大家的眼前忽然出现了一片开阔地带，长满了各种高矮不一的灌木。令大家感到奇怪的是这些灌木上布满了乳白色的，如蚕丝一样的东西，就粗细来说应该比头发丝要粗上几倍。三个小伙伴感到非常好奇，用手

指沾了一点，发现这细丝不仅是黏的，而且还有一定的弹性。罗小闪用力扯了一下，居然没有扯断。

第二十二章 蜘蛛怪

巴特尔教授看到这一幕也好奇起来，用手指勾起一根，居然也没有扯断。他扭头问小使者说："小使者，这是什么东西？你见过吗？"

小使者和五个海底士兵均摇了摇头，小使者说："我也是第一次见到这种东西，我想这并非植物身上的东西，而应该是什么动物身体里分泌出来的。"

巴特尔教授皱着眉自言自语地问："你们在这里生活了这么久都没见过……会不会是蚕一类的动物吐出来的丝呢？"

路小果惊叹着接话说："天呐！假如是蚕吐出来的丝，这得多大的蚕才能吐出这么粗的丝啊？"

"也许是其他动物吐出来的也不敢说，比如蜘蛛啊什么的。"巴特尔教授又接着猜测说。

"要是蜘蛛的话，这只蜘蛛肯定成精了，就像《西游记》里面，盘丝洞中的蜘蛛精一样，才能吐出这样的丝吧！"罗小闪用一种调侃的语气分析说。

莫阳看着眼前从来没有见过的东西，忽然嗅到了一丝危险的气息，因为他觉得这里太安静了，没有虫鸣也没有鸟叫，安静得让人有点害怕。军人特有的警惕性迫使他警觉地提醒大家说："大家注意，不要靠近这些白色的东西，我们绕过这片灌木丛再前进。"

莫阳的话意思很明显，是让大家沿着古树的边缘绕过这片灌木，以免惹上不必要的麻烦。莫阳的警惕是对的，因为没走多远，就有人发出了惊呼声。发声的是明俏俏，她的脚被什么绊了一下，当她低头去看绊她的东西时，才发现脚下躺着一具骷髅。巴特尔教授只对明俏俏脚下的骷髅看了一眼就说："这不是我们人类的骷髅。"

巴特尔教授是人类学家，对解剖学可以称得上是专家。当然，巴特尔教授的意思是，这不是陆地人类的骷髅。既然不是陆地人类，那么剩下的就只有两种可能了：要么是海底人的；要么是某一种气泡王国中的动物的骨骸。

巴特尔教授经过一番仔细甄别，终于对小使者确定地说："可以肯定的是这是一副你们海底人的骷髅。"

小使者对巴特尔教授的话显然是吃了一惊，问巴特尔教授说："巴特尔教授，你能确定这具骷髅的死亡年代吗？"

"如果是我们陆地人类的，我当然可以确定，不过对于你们气泡王国的气候、环境以及人的生理特征我不是很了解，所以我无从判断，但我可以确定的是，这个人应该不是自然死亡，而是被外来的生物袭击导致死亡。"

"巴特尔教授，您为什么这么说呢？"小使者又问。

"你们看，这个人的骸骨各个部分紧密地靠在一起，说明他死前曾经身体蜷缩在一起，一定是遭受到巨大的痛苦。还有，最关键的一点是他的一侧上肢骨不见了，这说明什么呢？这说明这个人的上肢被迫分离了，一定是被什么东西咬断所致。"

巴特尔教授仔细地分析着骸骷的来源和形成原因，大家听着都觉得很有道理。这时人群中忽然有人说了一声："什么东西？"

原来是莫阳，好像有什么东西掉到他的脸上，他在摸自己脸的同时，自言自语地问了一声。大家不约而同地朝他脸上看去，只见他的脸颊上正往下淌着一缕绿色的液体，就像一股浓稠的胆汁一样，让人恐怖而又感到恶心。

就在大家向莫阳脸上看的同时，忽然一种不同寻常的声音从大家的头顶上传过来。明俏俏不由自主地仰头向上看去。

"天呐！这是什么鬼东西？"明俏俏忽然惊呼一声。

明俏俏的惊呼声再加上地上的恐怖骸骷、灌木上的诡异白丝，让大家忽然感到毛骨悚然起来。当大家不约而同地抬头往上看时，方才发现，在大家的头顶上悬吊着一只巨大的，蜘蛛一样的生物，一缕白丝自它的屁股后面直连树顶。它有像牛犊一般漆黑粗壮的身躯，黑溜溜的两只眼睛如碗口一般大，射出森寒的光芒；它比陆地蜘蛛少了两条腿，六条腿粗如人的手臂，腿的周围长满了刀片一样的尖刺；两条触肢像尖刀一样锋利。此刻，它正挥舞着两条尖刀般的触肢，向大伙儿的头顶凶神恶煞般扑过来。

"蜘蛛怪来了，大家快跑！"不知谁喊了一声，大伙儿哪里见过这种怪物，立即惊恐万状地四散奔逃。奔逃的时候，莫阳和巴特尔教授护着三个小伙伴向左方逃离；小使者和五个海底士兵却向右方猛跑。

这蜘蛛一样的怪物见到嘴的猎物四散逃开，也好像来了兴致，六足一沾地立即飞快地爬动起来，而且好像欺生一样，撇开小使者一行不管，专向莫阳五人追过来。

莫阳跟罗小闪跑在最后，罗小闪回头一看"蜘蛛怪"正向自己追过来，吓得小腿直发软，大叫道："这'蜘蛛怪'是什么意思？为什么专门追我们？"

巴特尔教授回头看看，开玩笑说："大概是他们吃腻了海底人，想换换口味尝尝我们陆地人是什么味儿吧！尤其是你罗小闪的味儿！"

"为什么是我？我怎么了？我是肉好吃些吗？"

"你的肉嫩啊，我们都老了，肉咬不动！"

罗小闪说着话的时候，"蜘蛛怪"已经距离他和莫阳不足10米了。莫阳在后面推着罗小闪催促道："你们俩不要说话了，说话消耗氧气，等会跑不动了，可真要被'蜘蛛怪'吃掉了。"

巴特尔教授气喘吁吁地对莫阳说："莫阳，臭小子，你赶紧想想办法呀，再这样跑下去，你们没事，我老头子可真要先喂'蜘蛛怪'了。"

巴特尔教授虽然口气轻松，却并不是在开玩笑，再跑下去，最终落后的肯定是他自己，难免被"蜘蛛怪"抓着。莫阳也看到了局势的危险性，但是他手中没有武器，又不能停下来去寻找，干着急却想不出一点儿办法。路小果在前面忽然提醒说："罗小闪，你的背包里不是还有信号弹吗？拿给莫叔叔先挡一阵呀！"

罗小闪没好气地说："哪儿还有什么信号弹？我就带了一个早用完了。出发前我带背包你们还笑我，现在知道带装备重要了吧？"

路小果回头正要还击罗小闪几句，忽然发现"蜘蛛怪"离莫阳的后背已经不足两米了。她尖叫着提醒道："莫叔叔，快点，'蜘蛛怪'快追上你了！"

莫阳虽然没有回头，但他已经能感觉到自己的后背凉飕飕的，他知道"蜘蛛怪"尖刀般的触肢已经抵达自己的后心了。他的心里很清楚，他也不是跑不快，他完全可以在几秒钟之内超过所有人，但是他不能跑快，他一旦跑到前面，最危险的就是罗小闪。他是一个男人，也是一个军人，保护群众是他的职责，所以他一直落在后面，故意用自己的身体来挡住渐渐逼近的危险。

但是"蜘蛛怪"可不管这些，如何快速地抓住猎物，才是它的最终目的。只要前面有猎物，它可不管是大人还是小孩，只要能抓住就行，所以"蜘蛛怪"这会儿一直盯着莫阳的后背穷追不舍。

这时候，五人已经分不清方向，慌不择路地在树林里穿行。又跑了两三百米，前面忽然传来哗啦哗啦的流水声，四人跑到跟前，发现他们已经到了一条河边，河水幽蓝，深不见底，巴特尔教授急得直跺脚，叫道："这下完了，这回我们真是到了山穷水尽的地步了。"

罗小闪却面露喜色地说道："您错了，巴特尔教授，这回我们有救了。"

罗小闪的意思大家都明白，那就是跳进河里躲避"蜘蛛怪"。巴特尔教授当然也明白罗小闪的意思，他苦着脸说："可是我老头子不会游泳啊！"

巴特尔教授说着话的时候，莫阳也已经到了河边，"蜘蛛怪"咬着莫阳不放，也一直追到河边。莫阳见四人还在河边犹犹豫豫的，着急地大喊："你们还磨蹭什么呢？赶紧跳河呀！"

罗小闪知道明俏俏的水性也有点差，但这时已经不能再顾忌太多，他回头一看"蜘蛛怪"已经距离他们不足10米了，此时不跳，更待何时？他随即对路小果喊道："路小果你照顾明俏俏，我照顾教授。"

　　说完，罗小闪不管三七二十一，推着巴特尔教授的后背，一齐向河里跌去。路小果也是一样，强拉着明俏俏跳进河里。

　　不到两秒钟，莫阳也纵身一跃，飞向河面。只听"扑通扑通"几声，河里溅起一阵阵水花。

　　河面不高，河水却很深，路小果水性很好，照顾明俏俏勉强没事，而罗小闪就有点惨了，他拖着不会游泳的巴特尔教授，在水里挣扎了一阵，灌了几口水，差点沉到河底。幸运的是从河堤上垂下来不少树根救了他们。罗小闪一手抓着树根，一手抓着巴特尔教授，在水里喘着气，对游向自己的莫阳说："莫叔叔，快来帮一下，我快没力气了。"

　　莫阳游过来，抓着巴特尔教授的手臂，罗小闪这才算歇了一口气。五人手抓树根在河水中悬浮着，有的在喘气，有的被河水呛得不停咳嗽。

　　"蜘蛛怪"追到河边，眼看着到嘴的猎物又跑掉了，恼怒不已，两只触肢上下挥舞着，仿佛在发泄着心中的怒气。但"蜘蛛怪"怕水，不敢下河再追，只能焦急地在河岸上爬来爬去。

　　五人就这样在河水里泡着与"蜘蛛怪"对峙着，等了十几分钟，巴特尔教授又怕又急，抱怨道："这该死的'蜘蛛怪'，看架势要跟我们耗上了，这可怎么办？"

第四季
神秘的海底国王
Shen mi de hai di wang guo

第二十三章 电幻迷影

路小果接话道："它没有吃到我们陆地人的味道，当然不肯走了。"

罗小闪听到路小果提到"吃"字，忽然眼珠子一转，想到一个主意，他对莫阳说："我有办法了！"

"你有什么办法？你不会是要主动献身，去喂'蜘蛛怪'吧？"路小果开着玩笑说。大家听完路小果的话都跟着笑起来。罗小闪不理会路小果的玩笑，指着自己背上的背包对莫阳说："莫叔叔，我的背包里还有几根火腿肠和几个面包，你帮我取出来，扔给'蜘蛛怪'，看它吃饱了会不会主动离开。"

巴特尔教授说："就这点吃的，只怕还不够塞'蜘蛛怪'的牙缝。"

罗小闪说："那咱也得试试！"

莫阳靠近罗小闪，腾出一只手在罗小闪的背包里摸索了一会，果然摸出四根火腿肠和两个面包来，然后他用力扔到岸上"蜘蛛怪"的跟前。让大家大跌眼镜的是，"蜘蛛怪"不仅对莫阳扔过去的东西闻都不闻，还用一只长足将火腿和面包踢到了河中。

罗小闪气得直翻白眼，对"蜘蛛怪"吼道："你这臭怪物，不吃也别踢到河里呀！多浪费呀！"

明俏俏笑道："这'蜘蛛怪'还挺挑食的！看不上我们陆地上的食物。"

巴特尔教授不紧不慢地自嘲道："这下完喽！只怕这怪物铁定了要尝尝我们陆地人的肉味啦！看来只有我老头子主动献身，先去喂饱它，你们才能逃走。"

路小果忽然指着右侧河岸上惊喜地说道："巴特尔教授，您也不用献身了，有人救我们来了。"

大家都不约而同地向路小果手指的方向看去，果然看到七八个男子手拿海底人的武器正向他们的位置奔过来。近了一看，才发现是路浩天和一群水兵们。

"老爸！快来救我们！"路小果大喊了一声。

紧接着大家就听到"噗噗噗"的几声闷响，几道绿色的光柱射向"蜘蛛怪"，"蜘蛛怪"挨了几枪，痛苦地嘶叫几声，向树林里逃去，很快不见了踪影。

五人拉着树根从河里爬上岸来，两伙人终于会合在一起，三个小伙伴与大人们相拥着欢呼了好一阵子方才罢休。大家对路浩天与一群水兵们居然手拿着海底人的武器感到很是诧异，路浩天笑道："这可是我们缴获海马将军的士兵的武器。"接着，路浩天便将与他们分手后的情况对大家说了一遍。

原来，自从路浩天和一群水兵从另外一侧逃进树林以后，不敢停留，一路狂奔。水兵们身体素质好，奔跑起来毫不费力，路浩天渐渐跟不上了。但莫阳曾经吩咐过水兵们要保护好路浩天，他们或拉或背，一直没有让路浩天掉队。

一群人奔逃了几千米，忽然来到一座悬崖跟前，大家都不禁傻眼了。前无去路，后有追兵，路浩天心中暗叫不妙。正在大家无计可施的时候，路浩天忽然发现脚下一条植物的藤蔓一直延伸到悬崖边上，垂至崖下。再看看不远处水兵们的脚下还有很多藤条，路浩天忽然计上心头。

他立即让水兵们各自抓着一根藤条，攀到崖壁下隐藏起来，他自己则假装无路可逃，故意让海底士兵抓住，他告诉海底士兵，跟自己一起的陆地人已经全部跳崖，他自己怕死，才没敢跳。海底士兵相信了路浩天的话，放松了警惕。

一群水兵们等海底士兵走远了，爬上悬崖，按照路浩天的吩咐，绕路越过海底士兵，跑到他们的前边的树上埋伏起来，等到海底士兵押着他走近时，他们忽然一跃而下，突袭海底士兵。

海底士兵们根本没有料到会出现这种意外，再说海底人虽然科技发达，在体力上并不比陆地人类强壮，所以水兵们很轻松地就制服了他们，缴了他们的武器，并将他们捆绑起来。

当然，路浩天提前已经授意水兵，只是制服，不能伤害海底人一根毫毛。水兵们果然服从，只是捆绑海底士兵的双手，赶走了他们，没有对海底士兵采取一点暴力行为。

一群人带着缴获来的武器，在森林里胡乱瞎闯，一路吹着口哨，寻找莫阳一行人的踪迹，一路上也没有遇到什么危险，就来到这条河边，他们沿着河一直走，希望能碰到莫阳一行，没想到还真的碰到了。

路小果也向路浩天讲述了分手后的种种奇遇，直听得路浩天和水兵们心惊肉跳、感叹不已。

两拨人汇聚到一起，有说有笑，正值开心的时候，忽然听到树林里有响动，路浩天和水兵们以为有海底士兵追来，举起武器就准备防守。路小果眼尖，早看出是小使者带着五个士兵，大叫："老爸，是小使者。"

路浩天示意大家放下武器，只见小使者面带笑容走到大家跟前，说道："很好，你们终于聚到了一起，我的任务也算完成了。"

大家都不明白小使者说的是什么意思，愣愣地看着他。只见小使者手一挥，对着周围的树林喊道："大家都出来吧！"

大伙儿只觉得眼前一阵刺眼的强光闪了一下，都忍不住闭上眼睛，等到再睁开眼的时候，吃惊地发现，他们周围的森林和河流都消失不见了，取而代之的是大使者、海马将军和数十个海底士兵。再看看周围的环境，居然又回到了它们刚刚来到气泡王国时的位置。

　　这忽然出现的一幕把大家都惊呆了，不知道发生了什么情况。这到底是怎么回事？为什么他们忽然间就回到原来的位置？为什么海马将军又出现了？难道大、小使者也都叛变了吗？

　　"小使者，这……这……这是怎么回事？"巴特尔教授脸色大变，惊骇不已，结结巴巴地问小使者。

　　小使者笑而不语，大使者越过人群，面带笑容地走到大家的面前说道："让各位陆地朋友受惊了，还是由我来解释这一切吧！"

　　"是得好好解释一下！"莫阳冷冷地回应道。

　　大使者说道："大家一定对这次奇幻之旅感到心有余悸吧？"

　　"当然了，大使者，你来摸摸，现在我的心脏还在狂跳呢！"巴特尔教授接了一句。

　　大使者带着歉意的笑容说："我想告诉大家的是，你们刚刚经历的一切都是虚幻的，并没有真实地发生过……"

　　"等等。"巴特尔教授忽然打断大使者的话说，"大使者你说什么？虚幻的？你是说一切都是假的吗？这……这不是扯吗？"

　　"对呀，明明是真实的，怎么又变成假的？大使者，你在骗人吧？"罗小闪也忽然插话说。

　　"我并没有欺骗大家，你们刚刚经历的所有场面、遇到的所有动物都是虚幻的，这只是我们海底人对你们进行的一次名叫'电幻迷影'的科学实验……"

　　大使者话未说完，人群中忽然起了一阵躁动，紧接着，便响起了一阵嘈杂的议论声。大使者挥手喊道："大家静一静，静一静。"

　　人群暂时安静下来，大使者接着说："大家要是不相信的话，可以看看你们的衣服湿了吗？罗小闪小朋友，你看看你背包里的东西还在吗？"

　　莫阳五人听大使者这样一说，摸摸身上的衣服果然是干的。罗小闪也忽然叫道："天啊，真的，我背包里的火腿肠和面包还在呢！"

　　明俏俏忽然插话说："大使者，难道我们遇到的'火灵兽'、'蜘蛛怪'也是假的吗？"

　　大使者笑着点头说："当然，那些东西只是我们通过'电幻迷影'输送到你们大脑里面去的，并非真实的。"

　　"如果我们不反抗、不逃脱，那些怪物也不会伤害我们吗？"路小果有点不太相信地问道。

"是的，包括海马将军和海底士兵都是虚幻的，我们是一个爱好和平的国度，你们都是我们国王请来的尊贵客人，我们不会伤害你们中的任何人。"

路小果见状胆子也大了起来，挤上前去问道："大使者，我还想问一句，你们到底是生活在空气中还是生活在水里，这个大气泡是怎么回事呢？"

大使者答道："我们的祖先原来是生活在海水里，后来我们发现生活在空气里比生活在水里更自由一些，于是我们用自己的力量建造了这个大气泡。我们所有人现在都居住在这个气泡里。"

"那你们为什么不搬到陆地上去居住呢？"路小果又问。

"我们也曾经想过到陆地上去居住，但那势必要引起你们陆地人类的恐慌，不可避免地要发生战争，我们是爱好和平的，不愿挑起和人类的战争，所以就一直住在这海底。"

莫阳这时也忍不住上前问道："从你们的潜艇性能看，你们的科技水平要高出我们人类，不知道你们潜艇的武器是什么样的？我能参观一下吗？"

"对不起！我们这里没有战争，所以我们不需要武器，所以可能要令你失望了。不过我听说你们陆地人类的武器发展得不错，据说只需要按一下按钮就能把地球毁灭，是这样吗？"

　　莫阳的脸色忽然之间变得极为尴尬起来，他不知道该怎么回答对方的问题。路浩天见状，上前一步答道："是的，不过那只是极个别别有用心的国家，我们陆地人类绝大多数人和你们一样也是爱好和平的，都希望生活在没有战争、没有矛盾、没有猜忌的和谐环境中……"

　　"好了，提问到此结束，我马上带你们去见我们的国王，我们请你们来虽然没有恶意，但有一个目的，那就是测试你们陆地人类的善恶程度，在'电幻迷影'的试验中，我们已经看出你们陆地人类的品质，我们非常满意。不过，我们的国王还要给你们出三个问题，你们要是答对了，就能安全地回家，如果答错了，对不起，你们就会永远留在这海底。"

　　"啊？"大使者的话让大家一片惊呼，人群中又起了一阵骚动，恐惧的情绪又开始在人群中蔓延。

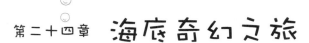 海底奇幻之旅

天呐！这不是一场没有胜算的赌博吗？谁知道这"海底怪人"会出什么问题让他们回答，万一回答错了，岂不永远要留在这海底？

"喂！等等！"路小果忽然叫住正准备转身离开的大使者，问道，"请问大、小使者，你们两个是什么关系？你们都有多大年龄了？"

大使者答道："我们是祖孙俩，我是爷爷，如果按照你们陆地人类的历法算，我今年800岁，他是孙子，今年400岁。"

人群中又起了一片惊呼，接着就是嘈杂的议论声：

"天呐！800岁，不成神仙了？！"

"他们怎么能活这么大年纪？"

"不会是骗我们吧？"

路小果不理会大家的议论，又问："请问我们在这气泡里的活动受限制吗？"

"你们的活动不受任何限制，可以随意走动，不过，我必须得警告你们，你们不能破坏这里的任何东西，一草一木都不行，否则将受到严厉的惩罚。"大使者说完便带领众海底士兵离开了。

"请问……"路小果还想再问一个问题，刚说出两个字，就被小使者冷冷的口音打断了："路小果小朋友，你的问题太多，我不能再回答你的任何问题了，见国王的时间到了，下面由我领着大家去见我们的国王，你们跟我来吧。"

路小果想，一定是自己的问题太多惹小使者不高兴了，便噤了声。却又忍不住问："我可以不问问题了，但是我想摸摸你们的气泡，可以吗？"

小使者点了点头说："当然可以！"

"走！我们看看那气泡是什么做的。"路小果拉着明俏俏和罗小闪就向身后不远处的软胶一样的气泡壁膜走去。

他们三个走到那透明的气泡旁边，把手伸向气泡壁，感觉软软的，像果冻一样，好像是一种胶质一类的东西做的。路小果稍微一使劲，她的小手居然穿壁而过，能明显感觉到冰凉的海水。

"啊！太神奇了！"路小果兴奋地大叫着。罗小闪和明俏俏如法炮制，手全都穿过气泡壁，浸入海水之中。

"不知道这气泡是用什么做的？太好玩了。"明俏俏也惊奇地说道。

"要是人类拥有这样的技术就好了，也不用费力建什么海底世界了，直接在海边做一个大气泡，小朋友们进入气泡就能欣赏到各种各样的海洋动物，多爽啊！"罗小闪叹道。

直到三个小伙伴完全满足了自己的好奇心，小使者才扭转身体，离开"幽灵潜艇"，向一条光滑的水晶一样的石头铺成的小路上走去，其余十几个人陆续跟上。

小路的两边是一排排三四米高的，长得像竹子一样的小树，让人感到惊奇的是，每一片树叶都晶莹剔透，发出银白色的光芒。路小果这才明白，原来这气泡王国所有的光线都来自这种小树，这海底人真是太厉害了，竟然培育出这种会发光的树木，我们陆地人类要是能培育出这种植物就好了，那就可以节约好多好多能源了。

又走了几百米，他们的眼前忽然出现一幢用无数的珊瑚建成的小屋，它有着海螺做的窗户和贝壳做的大门，房子四周爬满了五颜六色的叫不出名字的藤蔓植物。

"哇！这房子太漂亮了，住着一定很舒服吧！"罗小闪驻足观望，赞叹不已。路小果眼神里透露着无比的羡慕，喃喃说道："简直和我梦中的'梦幻小屋'一模一样！我要是拥有这样一栋小屋该有多棒啊！"

"瞧把你俩羡慕的，要不……我们进去参观一下吧？"明俏俏表面装作征询他俩的意见，其实她比他们俩更想进去看看。

"好啊！好啊！"路小果爽快地答应着，就带头顺着小屋门口的弯曲小径向那小屋走去，离小屋还有10米远的时候，忽然从里面蹿出来一个长满腕足的怪物，三个小伙伴吓了一跳，定睛一看，原来是一只大章鱼，章鱼的身上居然还坐着一个"海底怪人"，那"海底怪人"指挥着大章鱼，就像一个牧童骑在牛背上一样悠然自得。

"哈！这海底人真是了得，居然把章鱼训练成自己的宠物了！"罗小闪惊奇地指着眼前的大章鱼笑道。

"什么宠物啊？明明是家畜家禽一类的嘛！"明俏俏为罗小闪纠正说。路小果却说："你们说得都不对，我看他们是和睦相处的好朋友才对，你看那'章鱼哥'的眼神多欢快啊！"

三人见小屋里跑出章鱼来，又不敢进去了，怕屋里再藏着什么怪东西。再加上大人的催促，他们便又跟上队伍前行。

他们跟着两个"海底人"拐了几个弯，眼前忽然出现一片花园，花园里开着一朵朵蓝色的，形状如玫瑰一样的花，最令人吃惊的是这花居然大如水桶，花瓣厚如手掌，散发着浓郁的紫罗兰香味。

大家正看这怪花的时候，忽然从花丛中穿出一只像蝎子一样的怪物，这怪物长约两米，两只眼睛如碗口般大，乌溜溜地转着，并挥舞着两只巨大的鳌钳向众人冲过来。三个小伙伴包括十来个大人谁也没有见过这种怪物，顿时恐惧的惊叫声响成一片。

谁知那怪物并未冲到人群中，而是到了小使者面前停了下来，并且还举着大鳌钳和他握了握手。这怪物不仅有着凶猛的外表，还拥有坚固的防护——覆盖着脊、爪和盔甲。它们用六条腿走路，后面还有两条扁平如桨的腿。路浩天辨认了一番，惊呼道："这不是海蝎子吗？"

路小果接话道："老爸，我记得海蝎子，是生活在4.6亿年前的奥陶纪，你说这是海蝎子，不会搞错吧？"

"不会的。"路浩天摇摇头说，"海蝎子又叫巨型羽翅鲎，他们的生理特征非常明显，好认，不会弄错的。我也在奇怪，这种史前动物怎么会在这大洋底下出现？难道是这海底人利用他们先进的技术让它复活了吗？"

巴特尔教授点头说道："我看有这种可能，我们陆地人类目前已经掌握了生物克隆技术，前两年俄国和韩国不是还说要联手克隆复活史前生物猛犸象吗？这海底人科技超出我们许多倍，克隆出史前生物完全有可能。"

路小果忧心忡忡地说："我看这技术对陆地人类来说并不是什么好事。"

"为什么呀？"罗小闪不解地问道。

"你想啊，如果像电影《侏罗纪公园》里那样，有一天人类要是把恐龙这样的地球霸主给克隆出来了，我们人类还怎么在地球上立足啊？"

"要是真有这么一天该怎么办啊？"明俏俏居然真的担心起来，不安地问。罗小闪笑道："明俏俏你真是杞人忧天，即使真有这么一天，我们大不了学习海底人，把恐龙驯化成我们的好朋友不就是了？你看这海底人多棒啊，把海蝎子这么凶猛的动物都驯化得这么温顺，我们为什么不可以呢？"

"说得也对啊！"明俏俏听罗小闪这么一说，遂喜笑颜开起来，"大不了我们也来学习海底人的先进经验，驯化恐龙。"

大人们听三个小伙伴异想天开的言论，都给逗笑了。正笑着呢，却见那海蝎子挥舞着巨螯，向大家爬过来，大家全都愕然，不知这海蝎子是何用意。忽然听小使者说道："你们不要害怕，海蝎子只是想和你们交个朋友。"

交朋友？那不是也要和这恐怖的家伙握手？天呐！谁敢碰这看着凶恶无比的海蝎子？万一被它咬上一口，还能有命在？大家都这样想着，迟疑着不敢靠前。却见人群中忽然走出一个小姑娘来，面无惧色地上前握了一下海蝎子的大螯钳。大家定睛一看，原来是路小果。

一群大人没有想到让一个小姑娘抢了先，感到汗颜的同时，都不禁对路小果露出赞许的眼神。罗小闪不甘落后，也上前跟那海蝎子握了一下。明俏俏本不敢去，见路小果和明俏俏都没事，自己只好硬着头皮上前和那海蝎子握了握手。

每人都上前和海蝎子握过手之后，海蝎子才作罢，然后兴冲冲地径直跑向远处去了。

又走了几十米，他们忽然发现路边的花丛里有一只奇怪的植物。它浑身通红，生出的果实却是绿色的，更奇怪的是果实的形状居然是菱形。他们都是第一次看见长成菱形的果实，非常好奇。明俏俏忍不住蹲下用手摸了一下其中的一枚果实，让人意想不到的是那果实居然"啪"地掉落在地上。

"明俏俏，你干什么？"罗小闪首先发现了这一幕，他忍不住叫起来。

路小果一看明俏俏竟然把那果实弄掉了，又想到刚才大使者警告的话"损坏这里的一草一木都要受到严厉的惩罚"，心里不禁暗叫：糟糕！这回明俏俏可闯了祸了。

第二十五章　三个问题的答案

大家听到罗小闪的叫声，都回过头来。"啊！我不是故意弄掉它的。"明俏俏吓得快要哭出声来。

大人们早忘记了大使者的告诫，巴特尔教授上前指着果实说道："弄掉一枚果实能有什么大不了？捡起来吃了不就是了？"

这时，小使者也转了回来，走到三个小伙伴跟前问道："这是哪个小朋友干的？"

开始时，三个人都不敢吭声，几秒钟后，三人竟然都举起了右手，异口同声地说道："我干的！"

怎么会出现这样的局面呢？原来，明俏俏想着不能连累两个好朋友，所以就大胆地承认了；而罗小闪和路小果两人都想着明俏俏胆子小，这错误还不知道怎么处罚呢？万一处罚严厉，明俏俏这么胆小，还不给吓死，所以都想替明俏俏承担错误。

这一下把小使者也给搞愣住了，一枚果实怎么可能三个人同时去摘掉？“难道你们三个人在抢着摘这个果实吗？”小使者问。

三个小伙伴看着小使者严肃的面孔，摇了摇头。

“算了吧！暂且记着，到了国王面前再处罚你们。”小使者带着大家继续前行。三个小伙伴对着小使者的后背吐了吐舌头，做了个鬼脸。

接着，他们好像进入了一片居民区，各种各样的房子映入大家的眼帘，有的房子像一支铅笔，高高耸立；有的像一个海螺，盘旋而上；有的像一个火龙果，房顶上还长着树木、花草；还有的本身就是一个奇形怪状的石头，被掏了个洞……

路小果看着这些怪模怪样的房子，心中痒痒，真想冲进去看个究竟，可是她一想到刚刚明俏俏身上发生的一幕，心中就犯怵，害怕一不小心又破坏了海底人的东西，会遭到更严重的惩罚。

路过一栋篮球造型的房子的时候，忽然从房子里冲出一只长着四条腿，又浑身长满鳞片的动物，在动物的后面跟着一高一矮两个海底人。他们一出来便追着前面的动物奔跑，手里还拿着一把锋利的刀一样的东西，似乎想把前面的动物置于死地，追赶了几圈，终于一把将那动物攥在手里。

路小果看着大为不解，追上引路的小使者问道：“他们为什么要追赶那个动物？"

小使者头也不回地答道："因为他们要抓那只动物杀掉，给你们做菜肴！"

"什么？"路小果吃了一惊，连忙说道，"不要！不要！我们可不要吃那个！"

明俏俏也说道："太残忍了！我们还以为你们是不杀生的，能和所有的动物和睦相处呢，原来也是徒有虚名啊！"

罗小闪说："你快让他们俩住手吧，我们宁愿不吃饭，也不愿你们伤害这里的动物。"

"好吧！我们就听你们的，不再伤害它。不过，由于你们三个让我们这里的一只动物免于一死，为了表示感谢，按照规定我们要送你们一些礼品。"小使者忽然说道。

不久，就见刚刚追赶那只动物的两个海底人各端着一盘闪闪发光的东西走过来。大家仔细一看，才发现那盘子中装着的是一些珍珠、珊瑚之类的，还有很多是说不出名字的珍宝。看得出这些东西均出自大海，在这海底也许不算稀奇，但若到了陆地绝对是价值不菲的奇珍异宝。

路小果三个连连摆手谢绝道："这可不行，我们绝对不会要的。"

端着珍宝的海底人说："我听说你们大陆人类个个都是爱好钱财之人，现在这些奇珍异宝送给你们，你们为什么不要呢？"

路小果答道："我们陆地人有句话叫'无功不受禄'，我们并没有做什么呀？"

罗小闪接着说道："我们还有句俗语，叫'君子爱财，取之有道'，不是我们应该得的东西，我们一分一毫都不能要。"

明俏俏又接着罗小闪的话说道："陆地人类虽然有很多人爱好钱财，但是我们可绝不是那样的贪婪之人。"

海底人回答："好吧！既然你们执意不要这些宝贝，我只好收回了。"

路浩天说道："你们收回吧，我们不需要这个。"

海底人收起了奇珍异宝，一行人才又跟着小使者继续前进。又走了大约一千米，大伙儿忽然听到前面传来凄厉的叫声，这叫声既像是人类又像是兽类发出的，似乎在经受着极大的痛苦和折磨。越过一片树林，他们才发现声音是从一间黑色的房子里面传出来的，这房子外貌丑陋如一张魔鬼的脸庞，看起来极其诡异恐怖。

大家站在房子跟前，听着那凄惨的声音不禁面面相觑，不一会儿又议论纷纷起来——大家都在猜测那房子里面到底关着什么东西。

路小果听着那声音于心不忍，上前几步对小使者说道："喂！小使者，什么东西在这房子里发出这么难听的声音？"

　　小使者看看那房子，又看看大伙儿，不紧不慢地回答：“各位不必惊慌，这是我们的'刑房'，是惩罚犯人的地方，这房子里的犯人犯了错误，我们掌管刑法的人正在对他进行严厉的肉体惩罚。”

　　“啊？”路小果首先吃惊地张大了嘴巴，对小使者说道，“这太让我吃惊了。”

　　“为什么？肉体惩罚不是你们陆地人类常用的手段吗？”小使者问。

　　路小果答道：“我们陆地人类只有在少数落后的国家和地区还在使用肉体刑罚，大部分国家都在逐步向文明社会发展，已经取消了肉体刑罚，没有想到表面看来你们文明程度比我们陆地人高，却还在使用如此落后的惩罚手段。”

　　“可是据我们了解，你们陆地人类一向崇尚暴力，'以暴制暴'也是常用的对付敌人和罪犯的手段呀。”

　　莫阳辩解道：“说我们现在的陆地人类崇尚暴力，其实是一种误解，'以暴制暴'只是存在于过去，我们现在已经发现'以暴制暴'看似有力量，实质上是一种文明的困境，是一种最无奈的力量。靠'以暴制暴'求取正义，虽然解决了一时的小问题，却教会了很多人不文明的表达方式和不正义的做法，更可能激化问题双方的矛盾，甚至挑起更恶劣的对抗情绪，最终的结果，只能是越来越多的人越来越不文明、社会越来越不讲求正义。但是，不可否认，以暴制暴虽然可能会带来一定的损害，但是我们也应该承认，必要的武力是防止更大的损失的有力保障。一国强大的武装无疑有利于该国防御外敌，稳定内政。"明俏俏也接着说道："适当的暴力，可以匡扶正义，维护尊严，难道你们海底人就不存在正义和尊严了吗？"

第二十六章 海底餐厅

　　小使者一时无语，不知是被明俏俏的话难住了，还是有意不想回答她的问题。

　　而此刻那鬼面房子里，惨叫声还在传出来，路小果忍不住抬脚就要冲进去，却被小使者伸手拦住了，他说道："你不用去看了，他们已经停手了！"

　　果然，惨叫声立即停了下来。小使者带着大家继续前行。

　　巴特尔教授忍不住抱怨道："小使者，你们这样带着我们走来走去，我们什么时候能见到你们的国王啊？"

　　"快了！你们马上就能见到我们的国王，不过在此之前，我们的国王要先请你们到餐厅用餐。"小使者回答。

　　罗小闪一听小使者的话，立即高兴地跳起来："吃饭，哈哈，太好了，我正饿得不行呢！"

　　路小果也开心地说道："哇！真是太棒了！不知道海底朋友用什么美味招待我们哦？"

"在这海底能有什么好吃的？无非是一些海草、海带、海白菜之类的。"明俏俏猜测说。

　　路浩天说："那也好啊，海底的植物营养丰富，常吃可以延年益寿！恐怕这些海底朋友就是吃这些东西才长寿的。"

　　"哈哈，吃的东西肯定丰富。"巴特尔教授爽朗地大笑道，"只是不知道有没有美酒啊？"

　　路小果打趣道："巴特尔教授，您是不是一听到用餐酒瘾就犯了，您应该把您的红酒带过来让海底的朋友尝一尝的。"

　　"哈哈，小鬼，你还真说对了，我的酒瘾真的又犯了，不知道海底朋友准备的有红酒没有？"

　　巴特尔教授的可爱样子让大家哄然而笑，小使者并不理会，只管前行，引领着大伙儿径直向百米之外的一个外形如大鲸鱼般的绿色房子走去，十几个人陆续跟着前行。房子的门就在鲸鱼张开的大嘴巴里，大伙儿跟着小使者鱼贯而入。

　　一进入餐厅，首先展现在大家眼前的是一个圆形的玻璃材质的餐桌，餐桌很大，能坐20多人。令人惊奇的是每一个座位都是一个海洋动物的造型，有海豚造型的，有海豹造型的，有海龟造型的，还有海螺造型的，不一而足，令人目不暇接。在餐厅的上方悬挂着各种形状的海草。灯光还是来源于四周种植的会发光的树木。

"哇！好漂亮的餐厅！"路小果一进鲸鱼小屋就情不自禁地赞叹起来。

"我敢打赌，这是我见到的世界上最浪漫的餐厅了！"罗小闪惊讶地瞪着眼睛说道。

"不！应该说是世界上最卡通的餐厅了。"明俏俏说。

路浩天笑道："餐厅是不错，只是不知道吃的东西怎么样？"

大家正在暗自猜度海底人会用什么招待他们时，忽然，餐厅里响起了几声海鸥的叫声，随即，餐桌的中间出现了一幅立体的三维图像，图像的下面是一片平静的大海，海面上几只海鸥正在飞来飞去；一会儿又切换成一个美丽的海岛，海岛边有几只帆船正缓缓驶过；又过了一会儿，图像变成了奇幻般的海底世界，一群五颜六色的热带鱼在美丽的海草和珊瑚之间悠闲地穿梭。

大家都被眼前的一切惊呆了，巴特尔教授叹息道："当我们陆地人类还在研究平板电脑和电视的时候，海底人已经把三维全息投影技术当成了家常便饭，而且还能用意念控制它，可见我们和海底人的差距有多大。"

路小果说："巴特尔教授，我认为我们不应该灰心，如果我们不是一味地去研究战争和武器的话，我相信陆地人类的科技很快就会超越海底人。我们陆地人类的三维全息投影技术正在高速发展，不久的将来，我们一定可以通过这项技术跟海底人进行隔海对话。"

"哈哈，你的想法不错！"巴特尔教授赞叹道，"可惜我们是看不到了，要等到你们这一代人去实现了。"

"放心吧！巴特尔教授，一定会实现的。"罗小闪接着说道。

大家正说得高兴的时候，忽然一阵悦耳的音乐声从餐桌的中央传了出来，伴随着舒缓的音乐声，餐桌上方的三维图像上出现了一行文字："用餐时间到了，请各位客人用餐。"

大家莫名其妙地互相对望着：这海底人好奇怪啊，这餐桌明明什么都没有，让我们吃什么呢？难道吃空气吗？

大伙儿正在疑惑的时候，却忽然发现各自面前的餐桌玻璃自动露出一个圆形的洞，然后慢慢地从洞里升起一个圆形的盘子，盘子分成六格，每一个盘子里都装着一种不同颜色的食物，赤、橙、黄、绿、青、蓝、紫，各种颜色的都有。种类有红毛菜、紫菜、麒麟菜、石花菜、琼枝、角叉菜、凝花菜；还有表面有碳酸钙包被、外形像珊瑚似的石枝藻、鹧鸪菜、海人草，等等；还有很多叫不出名字的藻类，种类繁多，每人盘子里的品种都不一样。

看着种类如此繁多的菜肴，巴特尔教授早已垂涎三尺了，更要命的是此刻他的酒瘾确实犯了，他拍着餐桌大叫道："喂！海底的朋友，你们就这么招待客人吗？不准备给我来点酒吗？"

三个小伙伴给巴特尔教授的模样给逗乐了，捂嘴窃笑。路小果忍不住说道："巴特尔教授，哪儿有做客人的问主人要酒喝的？人家是高等文明的国度，咱可不能失了风度呀！"

巴特尔教授答道："请客人来，却不给客人酒喝，这是他们先失了礼数，可怪不得我！"

大家都为巴特尔教授的强词夺理感到好笑。莫阳带领的这群水兵都是正值壮年，早已饿得饥肠辘辘了，也不管什么酒不酒的，早忍不住狼吞虎咽了起来。路小果三个见状也开始吃起来。这海底人可真了得，对陆地人类的口味把握得很准，咸淡正合大家的胃口，再加上海里的植物本来就味道鲜美、营养丰富，虽然没有肉类，但每一个人都吃得津津有味。巴特尔教授见等不到海底人的酒，只好将就着吃起来。

快吃完的时候，从玻璃餐桌的中间竟又冒出十几盘水果来。这些水果均是他们从没有见过的，奇形怪状，颜色也有很多种，吃起来味道也很甜美。

吃过水果，小使者不知道什么时候又出现了，他对大家说道："请各位跟我一起去见国王吧！"大家见状纷纷起身，跟着小使者出了餐厅。

又走了将近半个小时，小使者把大家领到一棵粗大的树下，说道："好吧！陆地的朋友们，我们的国王就在这棵树上，你们可以上去见他了。"

啊？一国之主居然就在树上办公吗？大家都又被震惊到了。

第二十七章 和平使者

当大伙儿抬头往这树上看去的时候，更加吃惊了。
这是一棵多么粗大的树啊！它看起来就像一颗巨大的菜
花；树干粗过一间房子，树冠铺开来足有半个足球场这么
大；在树冠的各个枝丫之间用木材搭起的小屋足有十余间
之多。可是怎么才能进到房子里去呢？原来这海底人直接
就在树干上凿了数十个台阶，只要一抬腿就能顺着阶梯上
树，小屋与小屋之间用树枝搭的藤梯相通。

大伙儿看着这海底国王古怪的树屋，我看看你，你看看
我，谁也不敢先上。罗小闪见状，一马当先，向树梯爬去。路
小果和明俏俏也不甘落后，跟在罗小闪身后也向上爬去。大人
们见三个小伙伴都这么勇敢，自然也不再犹豫，陆续紧跟着向
树上的木屋攀爬。

台阶不多，只爬了30多阶，就到了第一间木屋。他们
一进入木屋，木屋的中央立即出现了蓝色三维投影，投影里
出现一个海底人的头像，和带他们到这里来的海底人长得差

不多，只不过要更加高大一些。这海底人眨眨眼，微笑道："欢迎你们，陆地上的朋友！"

"请问您就是气泡王国的国王吗？"路小果大着胆子问道。

"是的，我就是气泡王国的国王。你们三个分别叫路小果、罗小闪和明俏俏对吗？"海底国王问道。

路小果答："是的！国王陛下，听您的手下说您要问我们三个问题，如果答对了就送我们离开，如果答错了，就要把我们永远留在海底，是这样的吗？"

国王答道："是的！一开始我的确想要问你们三个问题，并且我决定，你们回答得让我满意的话，我就会无条件让你们离开；如果你们的回答让我不满意，我就会让你们永远留下……"

"那么现在呢？难道您改变主意了吗？"罗小闪迫不及待地问道。

"不！"海底国王摇了摇头，"是你们已经做出了回答，我无须再问了。"

海底国王的话一下子把大家给弄糊涂了，大伙儿都清楚地记得，一路上并没有人问他们问题呀！可是国王为什么要这么说呢？

路小果忍不住问道："可是国王陛下，一路上并没有谁问我们问题呀！您为什么这么说呢？"

"哈哈，是这样的。"海底国王笑道，"我的第一个问题是和说谎有关的，我听说你们陆地人类都善于说谎，我想问问你们说谎到底对不对？"

"说谎当然不对！"罗小闪毫不迟疑地答道。

"可是你们三个小孩刚刚在路上有两个都说谎了呀！"海底国王笑道。

"我们？……刚刚说谎了吗？"罗小闪回忆了一遍一路上发生的事，用怀疑的语气问道。

"当然，明悄悄小朋友碰掉了我们的果实，你和路小果却都说是自己碰掉的，有这回事吗？"

罗小闪和路小果听了国王的话，脸一下子就变红了。罗小闪不好意思地点点头说："是的，国王陛下，是有这回事，但是我……"

"我已经得到了答案。"海底国王打断罗小闪的话说，"谎言，如果是善意的就是美丽的，善意的谎言代表着理解、尊重和宽容，也让人确信世界上有爱、有信任、有感动！所以，我很满意你们的回答。"

听了海底国王的话，三个小伙伴松了一口气。

"那么，第二个问题呢？国王陛下。"这次说话的是巴特尔教授，这老头的好奇心不比三个小伙伴小，所以就抢着问了一句。

"哈！别急，巴特尔教授。我的第二个问题和贪婪有关，可是三个小朋友也在路上做出了回答。"

　　大家还都在回味国王的话的时候，路小果已经抢着说道："国王陛下，难道您说的是我们不接受您的奇珍异宝那件事吗？"

　　"路小果，你很聪明！"海底国王笑道，"是的，你们没有接受珍宝，说明你们没有贪欲，这让我有点意外，据我所知，你们陆地人类一向贪婪成性，视钱财如生命，可是三个小朋友的表现让我很满意，所以这一关你们也过了。"

　　这时，明俏俏上前说道："谢谢国王陛下，您的第三个问题是什么呢？难道我们也在路上回答了吗？"

　　海底国王点点头说："是的！第三个问题是和暴力有关，我们气泡王国是讨厌暴力的，所以我要考验你们对暴力的看法。"

　　"那么，结果呢？"明俏俏问。

　　"结果也让我很满意，在我的民众假装在使用严厉刑罚的时候，你们出面制止了他们，让我看到了你们也是讨厌暴力行为的，而且在'电幻迷影'试验中，你们对攻击自己的兽类手下留情，让我非常感动。还有，莫阳艇长还说出了'以暴制暴'的优点和缺点，以及'以暴制暴'在陆地人类存在的必要性。我本人也非常满意你们的回答。"

　　路小果诧异地看着海底国王："这么说，国王陛下，不仅是'电幻迷影'，还有这一路上的事情都是您有意安排的了？"

"是的，你们一路碰到的事件都是我刻意安排的，并且我一直在这里观察着你们的一言一行，不过，你们的所作所为都让我很满意，让我看到了陆地人类的智慧和文明程度并非我想象的那么糟糕……"

"这么说，您是同意我们离开气泡王国了？"罗小闪迫不及待地打断海底国王的话问道。

"是的！"海底国王点点头说，"我是同意你们离开这里，不过……"

"不过什么？难道您又改变主意了吗？"明俏俏担心地问。

海底国王摇摇头说："那倒不是，我只是想请你们在我的气泡王国多住一些日子，你们同意吗？"

"那恐怕不行啊，国王陛下。"这次说话的是莫阳，他着急地说，"我们都是军人，都有职责在身，如果我们失踪的时间过久，对我们的国家和家人势必造成很大的伤害，还可能引起恐慌，造成不必要的麻烦，所以……"

"呵呵，没有关系，莫阳先生，你不必着急，我们气泡王国的人从来不强人所难。我在这里还有一句话要对你说，在这里，我为我们的潜水器对你们的潜艇几次造成的骚扰表示歉意，你的潜艇是陆地人类和我们海底人联系的媒介，我希望将来有一天，我们海底的潜艇和你们的潜艇能并驾齐驱遨游在这美丽的大洋之中。"

　　莫阳恭敬地给海底国王敬了一个军礼："感谢国王陛下能有如此美好的想法，我想肯定会有这么一天的，到时候我一定会再来拜访国王陛下。"

　　海底国王笑着点点头说："我看这个时间应该不会太久，你们陆地人类人口激增，势必会向其他领域拓展空间，如果拓展太空失败，一定会向我们海底发展。"

　　"是有这种可能！"莫阳点点头说。

　　"这就是我所担心的，你们的文明程度与我们有很大差距，到时候我担心会有暴力冲突的发生，所以我希望莫先生能起到一个连接大陆和海底的桥梁的作用，担当起和平使者的重任，让我们两种人类在地球上和平共处，共同经营好这个美丽的家园。"

　　莫阳开心地笑道："这当然也是我们陆地人类的美好愿望，只是不知道我能不能活着看到这一天。"

　　"没事，莫叔叔！你要是不在了，我可以接着担任这个'和平使者'呀！"罗小闪口无遮拦地接话道。路小果和明俏俏也接着说道："对呀，莫叔叔，我们都愿意担当这个'和平使者'，我们要和海底的朋友们一起，让地球变成一个没有战争、没有饥饿、没有谎言、没有暴力的美丽星球。"

　　大人们被三个小伙伴慷慨激昂的话语引得大笑起来，

海底国王也开心地笑道："很好！很好！本来我对你们陆地人类很是反感，但是三个小朋友的一言一行让我改变了对陆地人类的看法，也让我看到了陆地人类的希望，如果所有的小朋友都像你们三个一样充满智慧、爱心和正能量，我相信不久后，我们一定会再见面的。"

路小果说："下次再来！我一定在这里住两个月，可以吗？国王陛下！"

"对于和平的使者，我们永远欢迎，别说两个月，一直住下去都行。"

"可是我们学校的暑假只有两个月呀！"路小果一副可怜兮兮的样子。

"哦？是吗？哈哈哈……"海底国王被路小果的可爱模样逗得大笑不止，大伙儿都跟着大笑起来。

"路浩天教授，巴特尔教授。"笑声一落，海底国王又对巴特尔教授和路浩天说道，"人类科技的发展和环境的保护都需要你们这样优秀的科学家，我们气泡王国之所以能有如此高度的文明，皆是因为有许多像你们一样优秀的科学家，陆地人类能拥有你们两位，我很欣慰。只是，对巴特尔教授我感到很抱歉。"

"为什么呀？"巴特尔教授好奇地问道。

"因为我们海底人没有美酒招待巴特尔教授啊！"

大伙儿看着巴特尔教授都哄堂大笑起来，巴特尔教授

有点难为情地说道："国王陛下，虽然我在气泡王国没有喝到酒，但能认识您这样开明的领导者，我比喝到什么美酒都高兴啊！"

"哈哈，那就好，不过下次来，你一定要把你们陆地人最好的美酒带到我们海底，让我也品尝一下。"

"这个容易，不过喝醉了我可不负责！"

巴特尔教授的幽默逗得大家又是一阵大笑。海底国王收起笑容说道："好了！很高兴能和你们一起聊这么长时间，我也不再挽留你们了，我即刻派人将你们送到海面。"

"请等一下！"路小果忽然上前一步说道，"国王陛下，我有一个小小的请求，不知您能否满足我？"

"什么请求？"

"您能否告诉我们，你们是如何在海底建一个这么大的气泡的吗？它是用什么材料做成的呢？"

"国王陛下！"罗小闪也上前说道，"我也有一个请求，您能否告诉我，你们是怎么把我们从'神龙号'潜艇移到你们的潜艇的吗？在这个过程中我们为什么会失去知觉呢？"

"哈哈哈……"海底国王大笑道，"你们俩问的可都是我们气泡王国的机密，很抱歉我不能告诉你们。不过我很高兴你们有这样的好奇心和求知欲，还是等将来长大了，你们自己去破解这个谜题吧！"

"国王陛下！"路浩天忽然说道，"我再问最后一个问题。"

"请问吧！"

"我想知道你们海底人是如何达到这么长的寿命的？有什么秘诀吗？"

"啊！这个呀，我倒是可以告诉你！"

海底国王此言一出，人群中一片哗然，大家都没有想到海底国王这么爽快，长生不老是陆地人类几千年以来就一直在探索和研究的问题，却一直没有解决，没有想到海底国王这么轻易就答应要告诉大家长寿的秘诀，怎能让人不激动呢？

海底国王接着说道："其实人体长寿，没有什么所谓的秘诀，当有一天，你们的智慧和文明达到一定的程度以后，长寿就是水到渠成的事了。"

大家都以为海底国王会告诉大家一个秘诀，没想到就这么两句话给打发了，都有点失望。海底国王看透了大家的心思，补充道："我知道你们对我的话都有点失望，我要告诉你们的是，盲目地追求长寿是一种非常愚蠢的行为，科学才是你们的长生之道。好了！会面到此结束，你们下去以后，我们的人自然会把你们送到海面。"

"请等一下！"莫阳忽然想起了什么，举手对海底国王说道，"国王陛下，我心里还有一个疑问一直没有解开，请国王陛下……"

"什么问题？"海底国王打断莫阳的话问。

"请问陛下，我们在曾经在海边发现的一具假'美人鱼'尸体，是不是也跟你们海底人有关呢？"

"哦，你是问这个呀？"海底国王忽然笑了起来，点头答道，"不错，这个假'美人鱼'尸体正是我们的人有意安排，来试探你们陆地人的。"

"啊？"莫阳吃了一惊，继而对海底国王怒目而视道，"陛下，你口口声声说你们海底人爱好和平，善待生物，可是你们为了试探我们陆地人，居然不惜杀害陆地生物，这也算你们的文明之举吗？"

海底国王愣了一下，忽然哈哈大笑起来："莫艇长问得好，但我要告诉你的是，那只猴子和鱼并不是我们海底人杀害的，而是你们陆地人所为，我们只不过是把它们的尸体拼接在了一起而已……"

"空口无凭，国王陛下您怎么能证明这是我们陆地人所为呢？"莫阳冷冷地问道。

"当然有办法证明，各位请看。"

海底国王一说完，屏幕上他的头像忽然消失了，紧接着出现了另一幅画面。这是一段视频，视频上出现了一片森林，两个身穿迷彩服的男子正举着猎枪瞄准树上的一只金丝猴，一声枪响之后，金丝猴应声而落，两个男子迅速向那受伤的金丝猴奔去……

"原来是偷猎者干的！"路浩天惊呼了一声。

大家的耳边又传来海底国王的声音："大家请继续看！这是休渔期的海域。"

视频忽然转换了画面，漆黑的夜晚，在一片广阔的海域，一个渔船出现了，渔船上有几个渔民，他们鬼鬼祟祟地拉起渔网，然后把捕得的活鱼现场统统宰杀了。慌张之余，有很多被宰杀后的鱼又掉进了大海……

大伙儿看到这一幕，正惊愕的时候，视频忽然消失了，继而又出现了海底国王的头像。海底国王笑道："大家都看到了吧？这是不是你们陆地人的所作所为呢？"

人群忽然沉默了，过了片刻，巴特尔教授上前一步，又问："国王陛下，我想不明白的是，你们为什么要做一个假'美人鱼'让我们陆地人来发现呢？"

海底国王点头笑道："我们很早就知道你们陆地有关于'美人鱼'的传说，于是，我们利用这个传说的神秘性，策划了这整件事——这当然是为了吸引像你和路浩天教授这样的科学家们前来了，只有这样做，才有可能让来到我们海底世界的人群里有科学家的参与。"

路浩天也点点头说道："原来这一切都是国王陛下安排好的，怪不得呢！"

"是的。"海底国王点点头，"你们的疑问我也解答了，是时候回到你们的国度了。"

海底国王说完，他们面前的投影忽然消失，小屋又恢复了原来的样子。大伙儿都有点怅然若失，并依依不舍地按顺序依次下了大树。原来送他们过来的小使者早在树下等着了。等大伙儿一聚齐，就被小使者引着按原路返回——当然，后来他们是如何回到"神龙号"，"神龙号"又是如何完好无损地回到海面上的，他们全然不知。

尾声

　　三个小时以后，他们的"神龙号"又畅游在太平洋的公海上。

　　一样的景色，不一样的心情。当路小果站在"神龙号"的甲板上的时候，海底的一幕幕不时地萦绕在她的脑海中，她也由来时的兴奋、紧张和好奇变得释然。

　　这是多么离奇而又惊险的一次海底之行啊！

　　海底国王解答了她心中的不少疑问，但还是有很多疑问悬在她的心里，比如：海底漩涡是否就是海底人到海面必经的进出口？海底人是如何将他们从"神龙号"上弄到他们的潜艇的？他们的潜艇是用什么制作的？他们的气泡是怎么建成的？他们是如何将一些海里的动物驯化成现在的样子的？他们的科技为什么比陆地人类先进……

　　路小果知道，有些问题她永远也不可能知道答案，但她不会放弃追寻和探索这些问题的，就像海底国王所说的，她要多学些科学知识，等将来长大了，她一定要用自己所学的知识去解开海底人留给她的一系列谜题。

　　她相信，会有这么一天的！

（全书完）

图书在版编目（CIP）数据

我带爸爸去探险．神秘海底人 / 侠客飞鹰著．— 杭州：浙江大学出版社，2015.8
ISBN 978-7-308-15030-9

Ⅰ．①我… Ⅱ．①侠… Ⅲ．①海底－探险－普及读物 Ⅳ．①N8-49

中国版本图书馆CIP数据核字(2015)第186837号

我带爸爸去探险——
神秘海底人

侠客飞鹰　著

责任编辑	张　琛　吴惠卿
责任校对	张远方
出版发行	浙江大学出版社
	（杭州市天目山路148号　　邮政编码　310007）
	（网址：http://www.zjupress.com）
封面设计	Arthur白羽　项梦怡
排　　版	杭州林智广告有限公司
印　　刷	浙江印刷集团有限公司
开　　本	880×1230mm　1/32
印　　张	7.375
字　　数	130千
版 印 次	2015年8月第1版　2015年8月第1次印刷
书　　号	ISBN 978-7-308-15030-9
定　　价	18.00元